从零开始学技术—建筑装饰装修工程系列

幕墙安装工

张建边　主编

中国铁道出版社

2012年·北京

内容提要

　　本书是按住房和城乡建设部、劳动和社会保障部发布的《职业技能标准》和《职业技能岗位鉴定规范》的内容，结合农民工实际情况，将农民工的理论知识和技能知识编成知识点的形式列出，系统地介绍了幕墙安装工的常用技能，内容包括玻璃幕墙工程施工技术、金属幕墙工程施工技术、石材幕墙工程施工技术和幕墙安装工安全操作规程等。本书技术内容先进、实用性强，文字通俗易懂，语言生动，并辅以大量直观的图表，能满足不同文化层次的技术工人和读者的需要。

　　本书可作为建筑业农民工职业技能培训教材，也可供建筑工人自学以及高职、中职学生参考使用。

图书在版编目(CIP)数据

幕墙安装工/张建边主编. —北京：中国铁道出版社，2012.6
(从零开始学技术. 建筑装饰装修工程系列)
ISBN 978-7-113-13507-2

Ⅰ.①幕…　Ⅱ.①张…　Ⅲ.①幕墙—建筑安装工程　Ⅳ.①TU767

中国版本图书馆 CIP 数据核字(2011)第 178398 号

书　　名：从零开始学技术—建筑装饰装修工程系列
　　　　　　幕墙安装工
作　　者：张建边

策划编辑：江新锡
责任编辑：曹艳芳　　　　电话：010—51873017
助理编辑：董苗苗
封面设计：郑春鹏
责任校对：孙　玫
责任印制：郭向伟

出版发行：中国铁道出版社(100054，北京市西城区右安门西街 8 号)
网　　址：http://www.tdpress.com
印　　刷：北京市燕鑫印刷有限公司
版　　次：2012 年 6 月第 1 版　　2012 年 6 月第 1 次印刷
开　　本：850mm×1168mm　1/32　印张：2.5　字数：58 千
书　　号：ISBN 978-7-113-13507-2
定　　价：8.00 元

从零开始学技术丛书
编写委员会

前　言

　　随着我国经济建设飞速发展,城乡建设规模日益扩大,建筑施工队伍不断增加,建筑工程基层施工人员肩负着重要的施工职责,是他们依据图纸上的建筑线条和数据,一砖一瓦地建成实实在在的建筑空间,他们技术水平的高低,直接关系到工程项目施工的质量和效率,关系到建筑物的经济和社会效益,关系到使用者的生命和财产安全,关系到企业的信誉、前途和发展。

　　建筑业是吸纳农村劳动力转移就业的主要行业,是农民工的用工主体,也是示范工程的实施主体。按照党中央和国务院的部署,要加大农民工的培训力度。通过开展示范工程,让企业和农民工成为最直接的受益者。

　　丛书结合原建设部、劳动和社会保障部发布的《职业技能标准》和《职业技能岗位鉴定规范》,以实现全面提高建设领域职工队伍整体素质,加快培养具有熟练操作技能的技术工人,尤其是加快提高建筑业基层施工人员职业技能水平,保证建筑工程质量和安全,促进广大基层施工人员就业为目标,按照国家职业资格等级划分要求,结合农民工实际情况,具体以"职业资格五级(初级工)"、"职业资格四级(中级工)"和"职业资格三级(高级工)"为重点而编写,是专为建筑业基层施工人员"量身订制"的一套培训教材。

　　同时,本套教材不仅涵盖了先进、成熟、实用的建筑工程施工技术,还包括了现代新材料、新技术、新工艺和环境、职业健康安全、节能环保等方面的知识,力求做到技术内容先进、实用,文字通俗易懂,语言生动,并辅以大量直观的图表,能满足不同文化层次的技术工人和读者的需要。

　　本丛书在编写上充分考虑了施工人员的知识需求,形象具体地阐述施工的要点及基本方法,以使读者从理论知识和技能知识两方面掌握关键点。全面介绍了施工人员在施工现场所应具备的技术及其操作岗位的基本要求,使刚入行的施工人员与上岗"零距离"接口,尽快入门,尽快地从一个新手转变成为一个技术高手。

从零开始学技术丛书共分三大系列,包括:土建工程、建筑安装工程、建筑装饰装修工程。

土建工程系列包括:

《测量放线工》、《架子工》、《混凝土工》、《钢筋工》、《油漆工》、《砌筑工》、《建筑电工》、《防水工》、《木工》、《抹灰工》、《中小型建筑机械操作工》。

建筑安装工程系列包括:

《电焊工》、《工程电气设备安装调试工》、《管道工》、《安装起重工》、《通风工》。

建筑装饰装修工程系列包括:

《镶贴工》、《装饰装修木工》、《金属工》、《涂裱工》、《幕墙制作工》、《幕墙安装工》。

本丛书编写特点:

(1)丛书内容以读者的理论知识和技能知识为主线,通过将理论知识和技能知识分篇,再将知识点按照【技能要点】的编写手法,读者将能够清楚、明了地掌握所需要的知识点,操作技能有所提高。

(2)以图表形式为主。丛书文字内容尽量以表格形式表现为主,内容简洁、明了,便于读者掌握。书中附有读者应知应会的图形内容。

编者

2012 年 3 月

目 录

第一章 玻璃幕墙工程施工技术

第一节 基本要求及质量标准

【技能要点1】幕墙工程安装基本要求

1. 一般规定

(1)安装玻璃幕墙的钢结构、钢筋混凝土结构及砖混结构的主体工程,应符合有关结构施工及验收规范的要求,并完成质量验收工作。

(2)安装玻璃幕墙的构件及零附件的材料品种、规格、色泽和性能,应符合设计要求。

(3)玻璃幕墙的安装施工应单独编制施工组织设计方案。

2. 幕墙安装

(1)玻璃幕墙的施工测量应符合下列要求:

1)玻璃幕墙分格轴线的测量应与主体结构的测量配合,其误差应及时调整不得积累。

2)对高层建筑的测量应在风力不大于4级的情况下进行,每天应定时对玻璃幕墙的垂直及立柱位置进行校核。

(2)对于构件式玻璃幕墙,如玻璃为钢化玻璃、中空玻璃等现场无法裁割的玻璃,应事先检查玻璃的实际尺寸,如与设计尺寸不符,应调整框料与主体结构连接点中心位置。或可按框料的实际安装位置(尺寸)定制玻璃。

(3)按测定的连接点中心位置固定连接件,确保牢固。

(4)单元式玻璃幕墙安装宜由下往上进行。构件式玻璃幕墙框料宜由上往下进行安装。

(5)当构件式玻璃幕墙框料或单元式玻璃幕墙各单元与连接件连接后,应对整幅幕墙进行检查和纠偏,然后应将连接件与主体结构(包括用膨胀螺栓锚固)的预埋件焊牢。

(6)单元式玻璃幕墙的间隙用 V 形和 W 形或其他形胶条密封,嵌填密实,不得遗漏。

(7)构件式玻璃幕墙应按设计图纸要求进行玻璃安装。玻璃安装就位后,应及时用橡胶条等嵌填材料与边框固定,不得临时固定或明摆浮搁。

(8)玻璃周边各侧的橡胶条应各为单根整料,在玻璃角部断开。橡胶条型号应无误。镶嵌平整。

(9)橡胶条外涂敷的密封胶,品种应无误(镀膜玻璃的镀膜面严禁采用醋酸型有机硅酮胶),应密实均匀,不得遗漏,外表平整。

密封胶简介

1. 建筑密封胶

(1)《硅酮建筑密封胶》(GB/T 14683—2003)规定了镶装玻璃和建筑接缝用密封胶的产品分类、要求和性能。

1)种类。

①硅酮建筑密封胶按固化机理分为两种类型:

A 型——脱酸(酸性)。

B 型——脱醇(中性)。

②硅酮建筑密封胶按用途分为两种类别:

G 类——镶装玻璃用。

F 类——建筑接缝用。

不适用于建筑幕墙和中空玻璃。

2)级别。产品按位移能力分为 25、20 两个级别。

3)次级别。产品按拉伸模量分为高模量(HM)和低模量(LM)两个次级别。

4)产品标记。产品按下列顺序标记:名称、类型、类别、级别、次级别、标记号。

示例:镶装玻璃用 25 级高模量酸性硅酮建筑密封胶的标记为:硅酮建筑密封胶 AG25H(MGB/T 14683—2003)。

(2)《幕墙玻璃接缝用密封胶》(JC/T 882—2001)、《彩色涂层钢板用建筑密封胶》(JC/T 884—2001)对耐候胶的技术要求作了规定。

1)级别。

①密封胶按位移能力分为 25、20 两个级别。

②次级别。密封胶按拉伸模量分为高模量和低模量两个次级别。

2)外观。

①密封胶应为细腻、均质膏状物,不应有气泡、结皮或凝胶。

②密封胶的颜色与供需双方商定的样品相比,不得有明显差异。多组分密封胶各组分的颜色应有明显差异。

3)密封胶的适用期指标由供需双方商定。

2. 硅酮结构密封胶

(1)分类和标记。

1)型别。

产品按组成分单组分型和双组分型,分别用数字 1 和 2 表示。

2)适用基材类别。

按产品适用的基材分类,代号表示以下:

类别代号	适用的基材
M	金属
G	玻璃
Q	其他

3)产品标记。

产品按型别、适用基材类别、本标准号顺序标记。

示例:适用于金属、玻璃的双组分硅酮结构胶标记为:2MG(GB 16776—2005)。

(2)要求。

1)产品应为细腻、均匀膏状物,无气泡、结块、凝胶、结皮,无不易分散的析出物。

2)双组分产品两组分的颜色应有明显区别。

(10)单元式玻璃幕墙各单元的间隙、构件式玻璃幕墙的框架料之间的间隙、框架料与玻璃之间的间隙,以及其他所有的间隙,应按设计图纸要求予以留够。

(11)单元式玻璃幕墙各单元之间的间隙及隐式幕墙各玻璃之间缝隙,应按设计要求安装,保持均匀一致。

(12)镀锌连接件施焊后应去掉药皮,镀锌面受损处焊缝表面应刷两道防锈漆。所有与铝合金型材接触的材料(包括连接件)及构造措施,应符合设计图纸,不得发生接触腐蚀,且不得直接与水泥砂浆等材料接触。

(13)应按设计图纸规定的节点构造要求,进行幕墙的防雷接地以及所有构造节点(包括防火节点)和收口节点的安装与施工。

(14)清洗幕墙的洗涤剂应经检验,应对铝合金型材镀膜、玻璃及密封胶条无侵蚀作用,并应及时将其冲洗干净。

【技能要点2】幕墙防护施工

1. 幕墙防雷

幕墙防顶雷,可用避雷带和避雷针。当采用避雷带时,可结合尾顶装饰,采用不锈钢栏杆兼作避雷带,如图1—1所示。但不锈钢栏杆必须与建筑物防雷系统连接,并保证接地电阻满足要求。

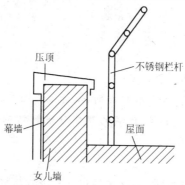

图1—1　幕墙不锈钢栏杆兼作避雷带节点构造示意图

2. 幕墙防火

幕墙必须具有一定的防火性能以满足防火规范的要求。按规范要求:

(1)窗间墙、窗槛墙的填充材料应采用非燃烧材料。如其外墙面采用耐火极限不低于 1 h 的不燃烧材料时,其墙内填充材料可采用难燃烧材料。

　　(2)无窗间墙和窗槛的玻璃幕墙,应在每层楼板沿设置不低于800 mm 高的实体裙墙或在玻璃幕墙内侧,每层设自动喷水保护,且喷头间距不应大于 2 m,如图 1—2 所示。

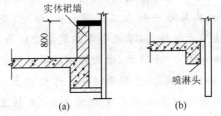

图 1—2　幕墙在每层楼板沿后置裙墙与喷头位置节点示意图(单位:mm)

　　(3)玻璃幕墙与每层楼板、隔墙处的缝隙必须用不燃材料填实,如图 1—3 所示。

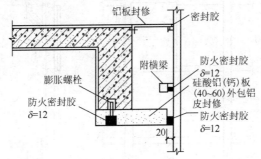

图 1—3　玻璃幕墙与每层楼板隔墙的缝隙防火节点示意图(单位:mm)

幕墙的介绍

　　《玻璃幕墙工程技术规范》(条文说明)指出:根据幕墙面板材料的不同,建筑幕墙一般可分为玻璃幕墙、金属幕墙(不锈钢、铝合金等)、石材幕墙等。实际应用上,尤其是大型工程项目中,往往采用组合幕墙,即在同一工程中同时采用玻璃、金属板材、石材等作为幕墙的面板,形成更加灵活多变的建筑立面形式和效果。

　　根据幕墙面板的支承形式可分为框支承幕墙、全玻璃幕墙和点支承幕墙。框支承幕墙的面板由横梁和立柱构成的框架支承，面板为周边支承板，立面表现形式可以是明框、隐框和半隐框。

　　框支承幕墙安装方式分为构件式和单元式两大类。构件式幕墙的面板，支承面板的框架构件（横梁、立柱）等均在工程现场顺序安装；单元式幕墙一般在工厂将面板、横框、竖框组装为各种型式的幕墙单元组件，以单元型式在现场安装为整体幕墙。

　　幕墙结构如图1—4所示，由面板构成的幕墙构件连接在横梁上，横梁连接到立柱上，立柱悬挂在主体结构上。为在温度变化和主体结构侧移时使立柱有变形的余地，立柱上下由活动接头连接，立柱各段可以相对移动。

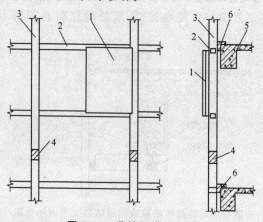

图1—4　幕墙组成示意图

1—幕墙构件；2—横梁；3—立柱；4—立柱活动接头；5—主体结构；6—立柱悬挂点

【技能要点3】玻璃幕墙施工质量标准

1. 一般规定

（1）相同设计、材料、工艺和施工条件的幕墙工程每500～1 000 m² 应划分为一个检验批，不足500 m² 也应划分为一个检验批。

（2）同一单位工程的不连续的幕墙工程应单独划分检验批。

（3）对于异型或有特殊要求的幕墙，检验批的划分应根据幕墙的结构、工艺特点及幕墙工程规模，由监理单位（或建设单位）和施工单位协商确定。

（4）每个检验批每 100 m² 应至少抽查一处，每处不得小于 10 m²。

（5）对于异型或有特殊要求的幕墙工程，应根据幕墙的结构和工艺特点，由监理单位（或建设单位）和施工单位协商确定。

2. 主控项目

（1）玻璃幕墙工程所使用的各种材料、构件和组件的质量，应符合设计要求及国家现行产品标准和工程技术规范的规定。

检验方法：检查材料、构件、组件的产品合格证书、进场验收记录、性能检测报告和材料的复验报告。

（2）玻璃幕墙的造型和立面分格应符合设计要求。

检验方法：观察；尺量检查。

（3）玻璃幕墙使用的玻璃应符合下列规定：

1）幕墙应使用安全玻璃，玻璃的品种、规格、颜色、光学性能及安装方向应符合设计要求。

2）幕墙玻璃的厚度不应小于 6.0 mm。全玻璃幕墙肋玻璃的厚度不应小于 12 mm。

3）幕墙的中空玻璃应采用双道密封。明框幕墙的中空玻璃应采用聚硫密封胶及丁基密封胶；隐框和半隐框幕墙的中空玻璃应采用硅酮结构密封胶及丁基密封胶；镀膜面应在中空玻璃的第 2 或第 3 面上。

4）幕墙的夹层玻璃应采用聚乙烯醇缩丁醛（PVB）胶片干法加工夹层玻璃。点支承玻璃幕墙夹层胶片（PVB）厚度不应小于 0.76 mm。

5）钢化玻璃表面不得有损伤；8.0 mm² 以下的钢化玻璃应进行引爆处理。

6）所有幕墙玻璃均应进行边缘处理。

检验方法：观察；尺量检查；检查施工记录。

（4）玻璃幕墙与主体结构连接的各种预埋件、连接件、紧固件必须安装牢固,其数量、规格、位置、连接方法和防腐处理应符合设计要求。

检验方法:观察;检查隐蔽工程验收记录和施工记录。

(5)各种连接件、紧固件的螺栓应有防松动措施;焊接连接应符合设计要求和焊接规范的规定。

检验方法:观察;检查隐蔽工程验收记录和施工记录。

(6)隐框或半隐框玻璃幕墙,每块玻璃下端应设置两个铝合金或不锈钢托条,其长度不应小于 100 mm,厚度不应小于 2 mm,托条外端应低于玻璃外表面 2 mm。

检验方法:观察;检查施工记录。

(7)明框玻璃幕墙的玻璃安装应符合下列规定:

1)玻璃槽口与玻璃的配合尺寸应符合设计要求和技术标准的规定。

2)玻璃与构件不得直接接触,玻璃四周与构件凹槽底部应保持一定的空隙,每块玻璃下部应至少放置两块宽度与槽口宽度相同、长度不小于 100 mm 的弹性定位垫块;玻璃两边嵌入量及空隙应符合设计要求。

3)玻璃四周橡胶条的材质、型号应符合设计要求,镶嵌应平整,橡胶条长度应比边框内槽长 1.5%～2.0%,橡胶条在转角处应斜面断开,并应用黏结剂黏结牢固后嵌入槽内。

检验方法:观察;检查施工记录。

(8)高度超过 4 m 的全玻璃幕墙应吊挂在主体结构上,吊夹具应符合设计要求,玻璃与玻璃,玻璃与玻璃肋之间的缝隙,应采用硅酮结构密封胶填嵌严密。

检验方法:观察;检查隐蔽工程验收记录和施工记录。

(9)点支承玻璃幕墙应采用带万向头的活动不锈钢爪,其钢爪间的中心距离应大于 250 mm。

检验方法:观察;尺量检查。

(10)玻璃幕墙四周、玻璃幕墙内表面与主体结构之间的连接节点、各种变形缝、墙角的连接节点应符合设计要求和技术标准的规定。

检验方法:观察;检查隐蔽工程验收记录和施工记录。

(11)玻璃幕墙应无渗漏。

检验方法:在易渗漏部位进行淋水检查。

(12)玻璃幕墙结构胶和密封胶的打注应饱满、密实、连续、均匀、无气泡,宽度和厚度应符合设计要求和技术标准的规定。

检验方法:观察;尺量检查;检查施工记录。

(13)玻璃幕墙开启窗的配件应齐全,安装应牢固,安装位置和开启方向、角度应正确;开启应灵活,关闭应严密。

检验方法:观察;手扳检查;开启和关闭检查。

(14)玻璃幕墙的防雷装置必须与主体结构的防雷装置可靠连接。

检验方法:观察;检查隐蔽工程验收记录和施工记录。

3. 一般项目

(1)玻璃幕墙表面应平整、洁净;整幅玻璃的色泽应均匀一致;不得有污染和镀膜损坏。

检验方法:观察。

(2)每平方米玻璃的表面质量和检验方法应符合表1—1的规定。

表 1—1　每平方米玻璃的表面质量和检验方法

项次	项　　目	质量要求	检验方法
1	明显划伤和长度<100 mm 的轻微划伤	不允许	观　察
2	长度≤100 mm 的轻微划伤	≤8 条	用钢尺检查
3	擦伤总面积	≤500 mm²	用钢尺检查

(3)一个分格铝合金型材的表面质量和检验方法应符合表1—2的规定。

表 1—2　一个分格铝合金型材的表面质量和检验方法

项次	项　　目	质量要求	检验方法
1	明显划伤和长度<100 mm 的轻微划伤	不允许	观　察
2	长度≤100 mm 的轻微划伤	≤2 条	用钢尺检查
3	擦伤总面积	≤500 mm²	用钢尺检查

(4)明框玻璃幕墙的外露框或压条应横平竖直,颜色、规格应

符合设计要求,压条安装应牢固。单元玻璃幕墙的单元拼缝或隐框玻璃幕墙的分格玻璃拼缝应横平竖直、均匀一致。

检验方法:观察;手扳检查;检查进场验收记录。

(5)玻璃幕墙的密封胶缝应横平竖直、深浅一致、宽窄均匀、光滑顺直。

检验方法:观察;手摸检查。

(6)防火、保温材料填充应饱满、均匀,表面应密实、平整。

检验方法:检查隐蔽工程验收记录。

(7)玻璃幕墙隐蔽节点的遮封装修应牢固、整齐、美观。

检验方法:观察;手扳检查。

(8)明框玻璃幕墙安装的允许偏差和检验方法应符合表1—3的规定。

表 1—3　明框玻璃幕墙安装的允许偏差和检验方法

项次	项　　目		允许偏差 (mm)	检验方法
1	幕墙垂直度	幕墙高度≤30 m	10	用经纬仪检查
		30 m<幕墙高度≤60 m	15	
		60 m<幕墙高度≤90 m	20	
		幕墙高度>90 m	25	
2	幕墙水平度	幕墙幅宽≤35 m	5	用水平仪检查
		幕墙幅宽>35 m	7	
3	构件直线度		2	用2 m靠尺和塞尺检查
4	构件水平度	构件长度≤2 m	2	用水平仪检查
		构件长度>2 m	3	
5	相邻构件错位		1	用钢直尺检查
6	分格框对角线长度差	对角线长度≤2 m	3	用钢尺检查
		对角线长度>2 m	4	

(9)隐框、半隐框玻璃幕墙安装的允许偏差和检验方法应符合表1—4的规定。

表1—4 隐框、半隐框玻璃幕墙安装的允许偏差和检验方法

项次	项　目		允许偏差（mm）	检验方法
1	幕墙垂直度	幕墙高度≤30 m	10	用经纬仪检查
		30 m＜幕墙高度≤60 m	15	
		60 m＜幕墙高度≤90 m	20	
		幕墙高度＞90 m	25	
2	幕墙水平度	层高≤3 m	3	用水平仪检查
		层高＞3 m	5	
3	幕墙表面平整度		2	用2 m靠尺和塞尺检查
4	板材立面垂直度		2	用垂直检测尺检查
5	板材上沿水平度		2	用1 m水平尺和钢直尺检查
6	相邻板材板角错位		1	用钢直尺检查
7	阳角方正		2	用直角检测尺检查
8	接缝直线度		3	拉5 m线，不足5 m拉通线，用钢直尺检查
9	接缝高低差		1	用钢直尺和塞尺检查
10	接缝宽度		1	用钢直尺检查

第二节　各种玻璃幕墙的施工方法

【技能要点1】明框玻璃幕墙安装

1. 测量放线

立柱由于与主体结构锚固，所以位置必须准确，横梁以立柱为依托，在立柱布置完毕后再安装，所以对横梁的弹线可推后进行。

在工作层上放出 z、y 轴线，用激光经纬仪依次向上定出轴线。再根据各层轴线定出楼板预埋件的中心线，并用经纬仪垂直逐层校核，再定各层连接件的外边线，以便与立柱连接。如果主体结构为钢结构，由于弹性钢结构有一定挠度，故应在低风时测量定位（一般在早8时，风力在1～2级以下时）为宜，且要多测几次，并与原结构轴线复核、调整。

放线结束,必须建立自检、互检与专业人员复验制度,确保万无一失。预埋件位置的偏差与单元式安装相同。

经纬仪的简介

(1)经纬仪的主要部件。如图1—5所示。

(2)经纬仪的读数方法。

1)固定分微尺的读数方法。

在读数显微镜中有两个窗口,如图1—6所示。上面为水平度盘分微尺读数,以符号"H"表示,下面为竖直度盘分微尺的读数,以符号"V"表示。固定分微尺将度盘上1°的间格等分为60格,分微尺上每格相当于度盘上1′。因此"度"的读数在度盘上读出(图中268或359),"分"、"秒"数则在分微尺上读出(图中15′或45′),然后将两者相加为测点的读数(268°或359°45′)。

2)活动分微尺的读数方法。

如图1—6所示,图中下面的标尺是水平度盘的读数(度数),中间的标尺是竖直度盘的读数(度数),上面的标尺是共用的活动分微尺读数(分、秒)。分微尺上每小格为20″读数时,先读显微镜中双竖线夹准的度盘读数(度数),再读取活动分微尺上的读数(分、秒),如图1—7(a)显示的竖直盘读数为92°17′40″,图1—7(b)显示的是5°12′。

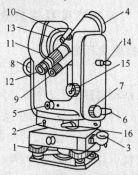

图1—5　光学经纬仪构造图

1—脚螺旋;2—水平度盘;3—圆水准器;4—望远镜;5—光学对点器;6—制动扳手;
7—微动螺旋;8—反光镜;9—读数显微镜;10—瞄准器;11—对光螺旋;12—目镜;
13—竖直度盘;14—望远镜制动扳手;15—望远镜微动螺旋;16—复测器

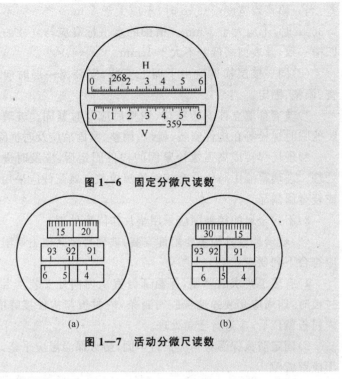

图1—6　固定分微尺读数

图1—7　活动分微尺读数

2. 安装要求

(1)幕墙立柱、横梁安装,应符合以下要求:

1)立柱先与连接件连接,然后连接件再与主体结构埋件连接,应按立柱轴线前后偏差不大于 2 mm、左右偏差不大于 3 mm、立柱连接件标高偏差不大于 3 mm 调整、固定。

相邻两根立柱安装标高偏差不大于 3 mm,同层立柱的最大标高偏差不大于 5 mm,相邻两根立柱距离偏差不大于 2 mm。

立柱安装就位应及时调整、紧固,临时固定螺栓在紧固后应及时拆除。

2)横杆(即次龙骨)两端的连接件以及弹性橡胶垫,要求安装牢固,接缝严密,应准确安装在立柱的预定位置。

相邻两根横梁的水平标高偏差不大于 1 mm,同层水平标高偏差:当一幅幕墙宽度≤35 m时,不应大于 5 mm;当一幅幕墙宽度 >35 m时,不应大于 7 mm。横梁的水平标高应与立柱的嵌玻璃凹槽一致,其表面高低差不大于 1 mm。

(2)同一楼层横梁应由下而上安装,安装完一层时应及时检查、调整、固定。

1)玻璃幕墙立柱安装就位、调整后应及时紧固。玻璃幕墙安装的临时螺栓等在构件安装、就位、调整、紧固后应及时拆除。

2)现场焊接或高强螺栓紧固的构件固定后,应及时进行防锈处理。玻璃幕墙中与铝合金接触的螺栓及金属配件应采用不锈钢或轻金属制品。

3)不同金属的接触面应采用垫片作隔离处理。

(3)玻璃幕墙其他主要附件安装:玻璃幕墙其他主要附件安装应符合下列要求:

1)有热工要求的幕墙,保温部分宜从内向外安装。当采用内衬板时,四周应套装弹性橡胶密封条,内衬板与构件接缝应严密;内衬板就位后,应进行密封处理。

2)固定防火保温材料应锚钉牢固,防火保温层应平整,拼接处不应留缝隙。

3)冷凝水排出管及附件应与水平构件预留孔连接严密,与内衬板出水孔连接处应设橡胶密封条。

4)其他通气留槽孔及雨水排出口等应按设计施工,不得遗漏。

3. 立柱安装

常用的固定办法有两种,一种是将骨架立柱型钢连接件与预埋铁件依弹线位置焊牢;另一种是将立柱型钢连接件与主体结构上的膨胀螺栓锚固。如果在土建施工中安装与土建能统筹考虑,密切配合,则应优先采用预埋件。应该注意:连接件与预埋件连接时,必须保证焊接质量。每条焊缝的长度、高度及焊条型号均须符合焊接规范要求。采用膨胀螺栓时,钻孔应避开钢筋,螺栓埋入深度应能保证满足规定的抗拔能力。连接件一般为型钢,形状随幕墙结构立柱形式变化和埋置部位变化而不同。

连接件安装后,可进行立柱的连接。立柱一般每2层1根,通过紧固件与每层楼板连接,如图1—8所示和图1—9所示。立柱安装完一根,即用水平仪调平、固定。将立柱全部安装完毕,并复验其间距、垂直度后,即可安装横梁。

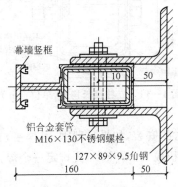

图1—8　玻璃幕墙立柱固定节点大样(单位:mm)

高层建筑幕墙均有立柱杆件接长的工序,尤其是型铝骨架,必须用连接件穿入薄壁型材中用螺栓拧紧。接长如图1—10和图1—11所示。图中两根立柱用角钢焊成方管连接,并插入立柱空腹中,最后用M12 mm×90 mm螺栓拧紧。考虑到钢材的伸缩,接头应留有一定的空隙。

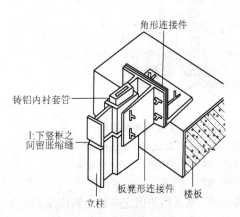

图1—9　立柱与楼层连接

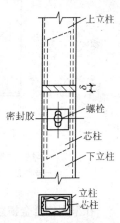

图1—10　立柱接长

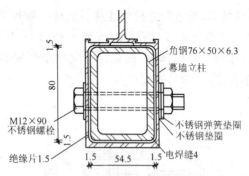

图 1—11 立柱接长构造(单位:mm)

角钢76×50×6.3
幕墙立柱
M12×90 不锈钢螺栓
不锈钢弹簧垫圈
不锈钢垫圈
绝缘片1.5
电焊缝4

4. 横梁安装

横梁杆件型材的安装,如果是型钢,可焊接,亦可用螺栓连接。焊接时,因幕墙面积较大,焊点多,要排定一个焊接顺序,防止幕墙骨架的热变形。

固定横梁的另一种办法是,用一穿插件将横梁穿担在穿插件上,然后将横梁两端与穿插担件固定,并保证横梁、立柱间有一个微小间隙便于温度变化伸缩。穿插件用螺栓与立柱固定。如图 1—12 所示。

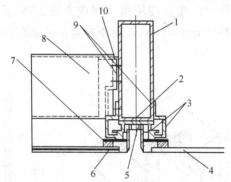

图 1—12 隐框幕墙横梁穿插连接示意

1—立柱;2—聚乙烯泡沫压条;3—铝合金固定玻璃连接件;

4—玻璃;5—密封胶;6—结构胶、耐候胶;7—聚乙烯泡沫;

8—横梁;9—螺栓、垫圈;10—横梁与立柱连接件

在采用铝合金横立柱型材时,两者间的固定多用角钢或角铝作为连接件。角钢、角铝应各有一肢固定横立柱,如图 1—13 所示。

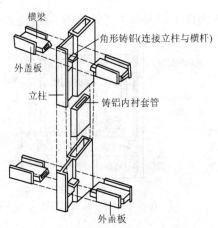

图 1—13　横梁与立柱通过角铝连接

　　如果横梁两端套有防水橡胶垫,则套上胶垫后的长度较横杆位置长度稍有增加(约 4 mm)。安装时,可用木撑将立柱撑开,装入横梁,拿掉支撑,则将横梁胶垫压缩,这样有较好的防水效果。

　　5. 防火保温做法

　　由于幕墙与柱、楼板之间产生的空隙对防火、隔声不利,所以,在做室内装饰时,必须在窗台上下部位做内衬墙,内衬墙的构造类似于内隔墙,窗台板以下部位可以先立筋,中间填充矿棉或玻璃棉防火隔热层,后覆铝板隔汽层,再封纸面石膏板,也可以直接砌筑加气混凝土板。

　　图 1—14(a)是目前常用的一种处理方法:先用一条 L 形镀锌铁皮,固定在幕墙的横档上,然后在铁皮上铺放防火材料。用得较多的防火材料有矿棉(岩棉)、超细玻璃棉等。铺放高度应根据建筑物的防火等级并结合防火材料的耐火性能通过计算后确定。防火材料应干燥,铺放要均匀、整齐,不得漏铺。

　　图 1—14(b)是在横档与水平铝框的接触处外侧安上一条铝合金披水板,以排去其上面横档下部的滴水孔下滴的雨水,起封盖与防水的双重作用。

　　图 1—14(c)是安设冷凝排水管线。

　　玻璃幕墙四周与主体结构之间的缝隙,应采用防火的保温材料填塞;内外表面应采用密封胶连续封闭,接缝应严密不漏水。

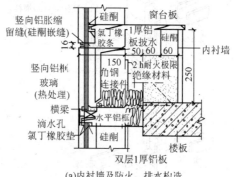

(a)内衬墙及防火、排水构造

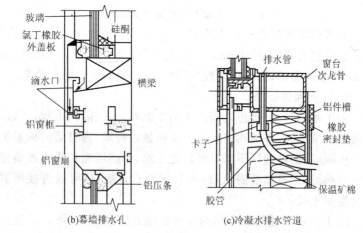

(b)幕墙排水孔   (c)冷凝水排水管道

图1—14 幕墙的主要附件安装(单位:mm)

铝合金装饰压板应符合设计要求,表面应平整,色彩应一致,不得有肉眼可见的变形、波纹和凹凸不平,接缝应均匀严密。

6. 玻璃安装

幕墙玻璃的安装,由于骨架结构不同的类型,玻璃固定方法也有差异。

型钢骨架,因型钢没有镶嵌玻璃的凹槽,一般要用窗框过渡。可先将玻璃安装在铝合金窗框上,而后再将窗框型与型钢骨架连接。

立柱安装玻璃时,先在内侧安上铝合金压条,然后将玻璃放入凹槽内,再用密封材料密封。安装构造如图6—15所示。

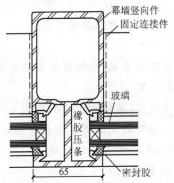

图1—15 玻璃幕墙立柱安装玻璃构造(单位:mm)

横梁装配玻璃与立柱在构造上不同,横梁支承玻璃的部分呈倾斜,要排除因密封不严流入凹槽内的雨水,外侧须用一条盖板封住。安装构造如图1—16所示。

玻璃幕墙玻璃安装应按下列要求进行:

(1)玻璃安装前应将表面尘土和污物擦拭干净。热反射玻璃安装应将镀膜面朝向室内,非镀膜面朝向室外。

(2)玻璃与构件不得直接接触。玻璃四周与构件凹槽底应保持一定空隙,每块玻璃下部应设不少于2块弹性定位垫块;垫块的宽度与槽口宽度应相同,长度不应小于100 mm;玻璃两边嵌入量及空隙应符合设计要求。

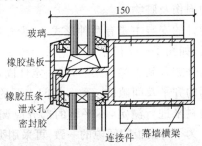

图1—16 玻璃幕墙横梁安装玻璃构造(单位:mm)

(3)玻璃四周橡胶条应按规定型号选用,镶嵌应平整,橡胶条

长度宜比边框内槽口长 1.5%～2%,其断口应留在四角;斜面断
开后应拼成预定的设计角度,并应用胶黏剂黏结牢固后嵌入槽内。

明框玻璃幕墙的介绍

1. 型钢骨架

型钢做玻璃幕墙的骨架,玻璃镶嵌在铝合金的框内,然后再
将铝合金框与骨架固定。

型钢组合的框架,其网格尺寸可适当加大,但对主要受弯构
件,截面不能太小,挠度最大处宜控制在 5 mm 以内。否则将影
响铝窗的玻璃安装,也影响幕墙的外观。

2. 铝合金型材骨架

用特殊断面的铝合金型材作为玻璃幕墙的骨架,玻璃镶嵌在骨
架的凹槽内。玻璃幕墙的立柱与主体结构之间,用连接板固定。

安装玻璃时,先在立柱的内侧上安铝合金压条,然后将玻璃放
入凹槽内,再用密封材料密封。支承玻璃的横梁略有倾斜,目的是
排除因密封不严而流入凹槽内的雨水。外侧用一条盖板封住。

【技能要点 2】隐框玻璃幕墙安装

1. 外围护结构组件的安装

在立柱和横杆安装完毕后,就开始安装外围护结构组件。在
安装前,要对外围护结构件进行认真的检查,其结构胶固化后的尺
寸要符合设计要求,同时要求胶缝饱满平整,连续光滑,玻璃表面
不应有超标准的损伤及脏物。

外围护结构件的安装主要有两种形式,一为外压板固定式;二
为内勾块固定式,如图 1—17 所示。不论采用什么形式进行固定,
在外围护结构组件放置到主梁框架后,在固定件固定前,要逐块调
整好组件相互间的齐平及间隙的一致。板间表面的齐平采用刚性
的直尺或铝方通料来进行测定,不平整的部分应调整固定块的位
置或加入垫块。为了解决板间间隙的一致,可采用类似木质的半硬
材料制成标准尺寸的模块,插入两板间的间隙,以确保间隙一致。插
入的模块,在组件固定后应取走,以保证板间有足够的位移空间。

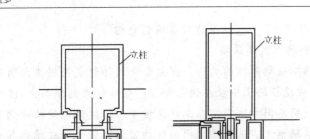

(a)内勾块固定式 　　　　　　(b)外压板固定式

图 1—17　外围护结构组件安装形式

2. 组件间的密封

外围护结构组件调整、安装固定后,开始逐层实施组件间的密封工序首先检查衬垫材料的尺寸是否符合设计要求。衬垫材料多为闭孔的聚乙烯发泡体。

对于要密封的部位,必须进行表面清理工作。首先要清除表面的积灰,再用类似二甲苯等挥发性能强的溶剂擦除表面的油污等脏物,然后用干净布再清擦一遍,以保证表面干净并无溶剂存在。

放置衬垫时,要注意衬垫放置位置的正确,如图 1—18 所示,过深或过浅都影响工程的质量。

间隙间的密封采用耐候胶灌注,注完胶后要用工具将多余的胶压平刮去,并清除玻璃或铝板面的多余黏结胶。

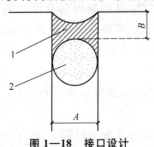

图 1—18　接口设计

1—耐候密封胶;2—衬垫材料

$A:B=2:1,B>3.5$ mm

隐框玻璃幕墙的介绍

1. 全隐框玻璃幕墙

全隐框玻璃幕墙的构造是在铝合金构件组成的框格上固定玻璃框,玻璃框的上框挂在铝合金整个框格体系的横梁上,其余三边分别用不同方法固定在立柱及横梁上。玻璃用结构胶预先粘贴在玻璃框上。玻璃框之间用结构密封胶密封。玻璃为各种颜色镀膜镜面反射玻璃,玻璃框及铝合金框格体系均隐在玻璃后面,从外侧看不到铝合金框,形成一个大面积的有颜色的镜面反射屏幕墙。这种幕墙的全部荷载均由玻璃通过胶传给铝合金框架。

2. 半隐框玻璃幕墙

(1)竖隐横不隐玻璃幕墙

这种玻璃幕墙只有立柱隐在玻璃后面,玻璃安放在横梁的玻璃镶嵌槽内,镶嵌槽外加盖铝合金压板,盖在玻璃外面这。这种体系一般在车间将玻璃粘贴在两竖边有安装沟槽的铝合金玻璃框上,将玻璃框竖边再固定在铝合金框格体系的立柱上;玻璃上、下两横边则固定在铝合金框格体系横梁的镶嵌槽中。由于玻璃与玻璃框的胶缝在车间内加工完成,材料粘贴表面洁净有保证,况且玻璃框是在结构胶完全固化后才运往施工现场安装,所以胶缝强度得到保证。

(2)横隐竖不隐玻璃幕墙

这种玻璃幕墙横向采用结构胶粘贴式结构性玻璃装配方法,在专门车间内制作,结构胶固化后运往施工现场;竖向采用玻璃嵌槽内固定。竖边用铝合金压板固定在立柱的玻璃镶嵌槽内,形成从上到下整片玻璃由立柱压板分隔成长条形画面。

3. 施工注意事项

(1)基本悬挂完毕后,须再逐根进行检验和调整,然后施行永久性固定的施工。

(2)外围护结构组件在安装过程中,除了要注意其个体的位置以及相邻间的相互位置外,在幕墙整幅沿高度或宽度方向尺寸较大时,还要注意安装过程中的积累误差,适时进行调整。

（3）外围护结构组件间的密封，是确保隐框幕墙密封性能的关键，同时密封胶表面处理是隐框幕墙外观质量的主要衡量标准。因此，必须正确放置衬杆位置和防止密封胶污染玻璃。

【技能要点3】点支承玻璃幕墙的安装

点支承玻璃幕墙的安装方法，见表1—5。

表1—5　点支承玻璃幕墙的安装方法

项　目	内　容
钢结构的安装	安装前，应根据甲方提供的基础验收资料复核各项数据，并标注在检测资料上。预埋件、支座面和地脚螺栓的位置、标高的尺寸偏差应符合相关的技术规定及验收规范，钢柱脚下的支承预埋件应符合设计要求，需填垫钢板时，每叠不得多于3块。 （1）钢结构的复核定位应使用轴线控制控制点和测量的标高基准点，保证幕墙主要竖向构件及主要横向构件的尺寸允许偏差符合有关规范及行业标准。 （2）构件安装时，对容易变形的构件应作强度和稳定性验算，必要时采取加固措施，安装后，构件应具有足够的强度和刚度。 （3）确定几何位置的主要构件，如柱、桁架等应吊装在设计位置上，在松开吊挂设备后应做初步矫正，构件的连接接头必须经过检查合格后，方可紧固和焊接。焊缝要进行打磨，消除棱角和夹角，达到光滑过渡。钢结构表面应根据设计要求喷涂防锈、防火漆，或加以其他表面处理。 （4）对于拉杆及拉索结构体系，应保证支承杆位置的准确，一般允许偏差在±1mm，紧固拉杆（索）或调整尺寸偏差时，宜采用先左后右，由上至下的顺序，逐步固定支承杆位置，以单元控制的方法调整校核，消除尺寸偏差，避免误差积累。 （5）支承钢爪安装：支承钢爪安装时，要保证安装位置偏差在±1mm内，支承钢爪在玻璃重量作用下，支承钢系统会有位移，可用以下两种方法进行调整。 1）如果位移量较小，可以通过驳接件自行适应，则要考虑支承杆有一个适当的位移能力。 2）如果位移量大，可在结构上加上等同于玻璃重量的预加载荷，待钢结构位移后再逐渐安装玻璃。无论在安装时，还是在偶然事故时，都要防止在玻璃重量下，支承钢爪安装点发生过大位移，所以支承钢爪必须通过高抗张力螺栓、销钉、楔销固定。支承钢爪的支承点宜设置球铰，支承点的连接方式不应阻碍面板的弯曲变形

续上表

项　目	内　容
拉索的安装	（1）竖向拉索的安装：根据图纸给定的拉索长度尺寸加 1～3 mm 从顶部结构开始挂索呈自由状态，待全部竖向拉索安装结束后进行调整，调整顺序也是先上后下，按尺寸控制单元逐层将支撑杆调整到位。 （2）横向拉索的安装：待竖向拉索安装调整到位后连接横向拉索，横向拉索在安装前应先按图纸给定的长度尺寸加长 1～3 mm 呈自由状态，先上后下空话子单元逐层安装，待全部安装结束后调整到位
支撑杆的定位、调整	在支撑杆的安装过程中必须对杆件的安装定位几何尺寸进行校核，前后索长度尺寸严格按图纸尺寸调整，保证支撑连接杆与玻璃平面的垂直度。调整以按单元控制点为基准对每一个支撑杆的中心位置进行核准。确保每个支撑杆的前端与玻璃平面保持一致，整个平面度的误差应控制在≤5 mm/3 m。在支撑杆调整时要采用"定位头"来保证支撑杆与玻璃的距离和中心定位的准确
拉索的预应力设定与检测	（1）竖向拉索内预拉值的设定主要考虑以下几个方面：一是玻璃与支承系统的自重；二是拉索螺纹和钢索转向的摩擦阻力；三是连接拉索、锁头、销头所允许承受拉力的范围；四是支承结构所允许承受的拉力范围。 （2）横向拉索预拉力值的设定主要考虑以下几个方面：一是校准竖向索偏拉所需的力；二是校准竖向桁架偏差所需的力；三是螺纹的摩擦力和钢索转向的摩擦力；四是拉索、锁头、耳板所允许承受的拉力；五是支承结构所允许承受的力。 （3）索的内力设置是采用扭力扳手通过螺纹产生力，用扭矩来控制拉杆内应力的大小。 （4）在安装调整拉索结束后用扭力扳手进行扭力设定和检测，通过对照扭力表的读数来校核扭矩值
配重检测	（1）配重检测应按单元设置，配重的重量为玻璃在支撑杆上所产生的重力荷载乘系数 1～1.2，配重后结构的变形应小于 2 mm。 （2）配重检测的记录。配重物的施加应逐级进行，每加一级要对支撑杆的变形量进行一次检测，一直到全部配重物施加在支撑杆上测量出其变形情况，并在配重物卸载后测量变形复位情况并详细记录

续上表

项　目	内　容
玻璃的安装	(1)现场安装玻璃时,应先将支承头与玻璃在安装平台上装配好,然后再与支承钢爪进行安装。为确保支承处的气密性和水密性,必须使用扭矩扳手。应根据支承系统的具体规格尺寸来确定扭矩大小,按标准安装玻璃时,应始终将玻璃悬挂在上部的两个支承头上。 (2)现场组装后,应调整上下左右的位置,保证玻璃水平偏差在允许范围内。 (3)玻璃全部调整好后,应进行整体里面平整度的检查,确认无误后,才能进行打胶密封

螺栓、螺钉介绍

1. 六角头螺栓—C 级

用途:用于表面粗糙、对精度要求不高的连接。

2. 六角头螺栓—全螺纹—C 级

用途:用于表面粗糙、对精度要求不高但要求较长螺纹的连接。

3. 六角头螺栓—A 和 B 级

用途:用于表面光洁,对精度要求高的连接。

公差产品等级:A 级适用于 $d \leqslant 24$ 和 $l \leqslant 10d$ 或 $\leqslant 150$ mm（较小值）;

B 级适用于 $d > 24$ 和 $l > 10d$ 或 $> 1\,500$ mm（较小值）。

4. 钢膨胀螺栓

用途:用于构件与水泥基(墙)的连接。

5. 螺钉

(1)开槽圆柱头螺钉

开槽盘头螺钉,开槽沉头螺钉等。用途:用于两个构件的连接,与六角头螺栓的区别是头部用平头改锥拧动。

(2)十字槽盘头螺钉

十字槽沉头螺钉,十字槽半沉头螺钉。用途:用于两构件连接,与六角头螺栓的区别是头部用十字改锥拧动。

（3）开槽盘头自攻螺钉

开槽沉头自攻螺钉，开槽半沉头自攻螺钉，六角头自攻螺钉，十字槽盘头自攻螺钉，十字槽沉头自攻螺钉，十字槽半沉头自攻螺钉。用途：用于薄片（金属、塑料等）与金属基体的连接。

【技能要点4】单元式玻璃幕墙的安装

1. 测量放线

测量放线的目的是确定幕墙安装的准确位置，因此，必须先吃透幕墙设计施工图纸。

对主体结构的质量（如垂直度、水平度、平整度及预留孔洞、埋件等）进行检查，做好记录，如有问题应提前进行剔凿处理。根据检查的结果，调整幕墙与主体结构的间隔距离。

校核建筑物的轴线和标高，然后弹出玻璃幕墙安装位置线。

2. 牛腿安装

在建筑物上固定幕墙，首先要安装好牛腿铁件。在土建结构施工时应按设计要求将固定牛腿锁件的T形槽预埋在每层楼板（梁、柱）的边缘或墙面上，如图1—19所示。

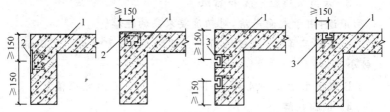

（a）预埋铁件方案　（b）预埋铁件方案　（c）预埋T形槽方案　（d）预埋T形槽方案

图1—19　预埋固定连接体的结构示意（单位：mm）

1—主体钢筋混凝土楼层结构；2—预埋铁件；3—预埋T形槽

当主体结构为钢结构时，连接件可直接焊接或用螺栓固定在主体结构上；当主体结构为钢筋混凝土结构时，如施工能保证预埋件位置的精度，可采用在结构上预埋铁件或T形槽来固定连接件，如图1—19所示，否则应采用在结构上钻孔安装金属膨胀螺栓来固定连接件。

在风荷载较大地区和地震区,预埋件应埋设在楼板结构层上,如图 1—20 所示,预埋件中心距结构边缘应不小于 150 mm。采用膨胀螺栓连接时,亦须锚固在楼板结构层上,螺栓距结构边缘不应小于100 mm,螺栓不应小于 M12,螺栓埋深不应小于 70 mm,如图1—20 所示。

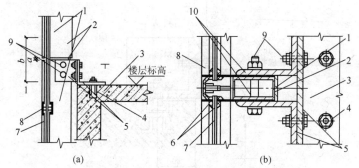

图 1—20　立柱与楼层结构支承连接构造示意

1—立柱;2—立柱滑动支座;3—楼层结构;4—膨胀螺栓;5—连接角钢;
6—橡胶条和密封胶;7—玻璃;8—横杆;9—螺栓;10—防腐蚀垫片

连接件上所有的螺栓孔应为长圆形孔,使单元式玻璃幕墙的安装位置能在 x、y、z 三个方向进行调整。

牛腿安装前,用螺钉先穿入 T 形槽内,再将铁件初次就位,就位后进行精确找正。牛腿找正是幕墙施工中重要的一环,它的准确与否将直接影响幕墙安装质量。

按建筑物轴线确定距牛腿外表面的尺寸,用经纬仪测量平直,误差控制在±1 mm。水平轴线确定后,即可用水平仪抄平牛腿标高,找正时标尺下端放置在牛腿减振橡胶平面上,误差控制在±1 mm。同一层牛腿与牛腿的间距用钢尺测量,误差控制在±1 mm。每层牛腿测量要“三个方向”同时进行,即:外表定位(x 轴方向)、水平高度定位(y 轴方向)和牛腿间距定位(z 轴方向),如图 1—21 所示。

水平找正时可用(1~4)mm×40 mm×300 mm 的镀锌钢板条垫在牛腿与混凝土表面进行调平。当牛腿初步就位时,要将两个螺丝稍加紧固,待一层全部找正后再将其完全紧固,并将牛腿与 T 形槽接触部分焊接。牛腿各零件间也要进行局部焊接,防止位移。

凡焊接部位均应补刷防锈油漆。

牛腿的找正和幕墙安装要采取"四四法",即当找正八层牛腿时,只能吊装四层幕墙。切不可找正多少层牛腿,随即安装多少层幕墙,这样就无法依据已找正的牛腿,作为其他牛腿找正的基准了。

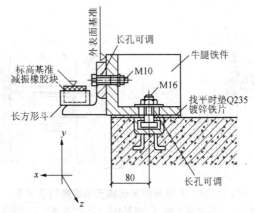

图 1—21　牛腿三维测量定位示意图(单位:mm)

3. 幕墙的吊装和调整

幕墙由工厂整榀组装后,要经质检人员检验合格后,方可运往现场。

幕墙必须采取立运(切勿平放),应用专用车辆进行运输。幕墙与车架接触面要垫好毛毡减振、减磨,上部用花篮螺丝将幕墙拉紧。

幕墙运到现场后,有条件的应立即进行安装就位。否则,应将幕墙存放箱中,如图 1—22 所示,也可用脚手架木支搭临时存放,但必须用苫布遮盖牛腿找正焊牢后即可吊装幕墙,幕墙吊装应由下逐层向上进行。

吊装前需将幕墙之间的 V 形和 W 形防风橡胶带暂时铺挂外墙面上。幕墙起吊就位时,应在幕墙就位位置的下层设人监护,上层要有人携带螺钉、减振橡胶垫和扳手等准备紧固。

幕墙吊至安装位置时,幕墙下端两块凹形轨道插入下层已安装好的幕墙上端的凸形轨道内,将螺钉通过牛腿孔穿入幕墙螺孔内,螺钉中间要垫好两块减振橡胶圆垫。幕墙上方的方管梁上焊接的两块定位块,坐落在牛腿悬挑出的长方形橡胶块上,用两个六角螺栓固定,如图1—23所示。

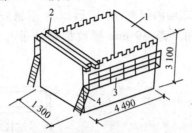

图1—22　幕墙存放箱(单位:mm)

1—箱件(角钢骨架焊 δ=1 mm 钢板);

2—100 mm×100 mm 方木两侧钉橡胶板;3—操作平台;4—铁梯

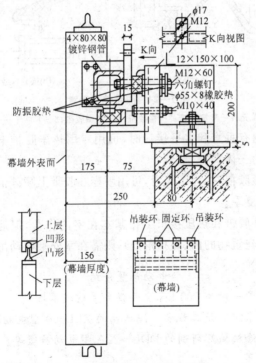

图1—23　幕墙安装就位示意图(单位:mm)

幕墙吊装就位后,通过紧固螺栓、加垫等方法进行水平、垂直、横向三个方向调整,使幕墙横平竖直,外表一致。

4. 塞焊胶带

幕墙与幕墙之间的间隙,用 V 形和 W 形橡胶带封闭,胶带两侧的圆形槽内,用一条 φ6 mm 圆胶棍将胶带与铝框固定,如图 1—24 所示。

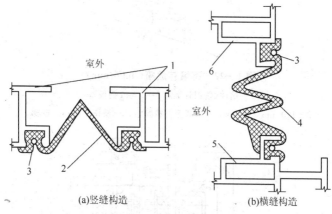

(a)竖缝构造   (b)横缝构造

图 1—24   胶带使用示意

1—左右单元;2—V 型胶带;3—橡胶棍;4—W 型胶带;5—下单元;6—上单元

胶带遇有垂直和水平接口时,可用专用热压胶带电炉将胶带加热后压为一体。

塞圆形胶棍时,为了润滑,可用喷壶在胶带上喷硅油(冬季)或洗衣粉水(夏季)。

全部塞胶带和热压接口工作基本在室内作业,但遇到无窗口墙面(如在建筑物的内、外拐角处),则需在室外乘电动吊篮进行。

电动吊篮介绍

起重量一般为 500 kg,主要供安装玻璃幕墙时工人操作用。可采用北京市建筑工程研究院研制的 ZLD500 型电动吊篮和北京建筑装修机械厂研制的 DDL—22A 型电动吊篮等。

5. 填塞保温、防火材料

幕墙内表面与建筑物的梁柱间,四周均有约 200 mm 间隙,这些间隙要按防火要求进行收口处理,用轻质防火材料充塞严实。

空隙上封铝合金装饰板,下封大于 0.8 mm 厚镀锌钢板,并宜在幕墙后面粘贴黑色非燃织品,如图 1—25 所示。

施工时,必须使轻质耐火材料与幕墙内侧锡箔纸接触部位黏结严实,不得有间隙,不得松动,否则将达不到防火和保温要求。

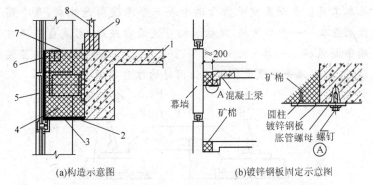

(a)构造示意图　　　　　(b)镀锌钢板固定示意图

图 1—25　楼层结构与幕墙内表面缝隙防火处理示意图(单位:mm)

1—楼层结构;2—镀锌钢板;3—铁丝网;4—轻质耐火材料;5—黑色非燃织品;

6—上封板支撑;7—上部铝合金板;8—室内栏杆;9—踢脚

【技能要点5】全玻璃幕墙的安装

(1)安装固定主支承器:根据设计要求和图纸位置用螺栓连接或焊接的方式将主支承器固定在预埋件上。检查各螺丝钉的位置及焊接口,涂刷防锈油漆。

(2)安装玻璃底槽:

1)安装固定角码。

2)临时固定钢槽,根据水平和标高控制线调整好钢槽的水平高低精度。

3)检查合格后进行焊接固定。

(3)安装玻璃吊夹:根据设计要求和图纸位置用螺栓将玻璃吊夹与预埋件或上部钢架连接。检查吊夹与玻璃底槽的中心位置是否对应,吊夹是否调整合格后方能进行玻璃安装。

(4)安装面玻璃:将相应规格的面玻璃搬入就位,调整玻璃的水平及垂直位置,定位校准后夹紧固定,并检查接触铜块与玻璃的摩擦粘牢度。

安装玻璃用的工具

1. 手动真空吸盘

如图 1—26 和图 1—27 所示,手动真空吸盘是抬运玻璃的基本工具。手动真空吸盘由两个或三个橡胶圆盘组成,每个圆盘上备有一个手动扳柄,按动扳柄可使圆盘鼓起,形成负压将玻璃平面吸住。一块 6126 mm×1265 mm×2956 mm 的双层玻璃,可用 4 只手动吸盘抬起。使用时的注意事项:

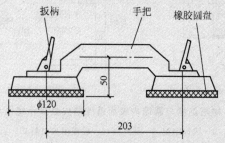

图 1—26　手动真空吸盘(单位:mm)

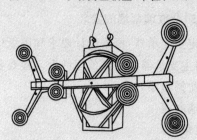

图 1—27　玻璃吸盘吊装示意图

(1)玻璃表面应洁净;

(2)减少圆盘摩擦;

(3)吸盘吸附玻璃 20 min 后,应取下重新吸附。

2. 牛皮带

如图 1—28 所示,牛皮带用于玻璃近距离运输。运输时,玻璃两侧各由操作人员一手用手动真空吸盘将玻璃吸附抬起,另一手握住兜住玻璃的牛皮带,牛皮带两端安有未轴手柄便于操作。

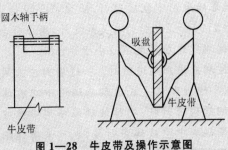

图1—28　牛皮带及操作示意图

（5）安装肋玻璃：将相应规格的肋玻璃搬入就位，同样对其水平及垂直位置进行调整，并校准与面玻璃之间的间距，定位校准后夹紧固定。

（6）检查所有吊夹的紧固度、垂直度、粘牢度是否达到要求，否则进行调整。

（7）检查所有连接器的松紧度是否达到要求，否则进行调整。

玻璃简介

（1）幕墙玻璃的外观质量和性能应符合下列现行国家标准、行业标准的规定：

《建筑用安全玻璃第2部分：钢化玻璃》（GB 15763.2—2005）。《半钢化玻璃》（GB/T 17841—2008）。《建筑用安全玻璃第3部分：夹层玻璃》（GB 15763.3—2009）。《中空玻璃》（GB/T 11944—2002）。《平板玻璃》（GB 11614—2009）。《建筑用安全玻璃第1部分：防火玻璃》（GB 15763.1—2009）。《镀膜玻璃第1部分：阳光控制镀膜玻璃》（GB/T 18915.1—2002）。《镀膜玻璃第2部分：低辐射镀膜玻璃》（GB/T 18915.2—2002）。

（2）玻璃幕墙采用阳光控制镀膜玻璃时，离线法生产的镀膜玻璃应采用真空磁控溅射法生产工艺；在线法生产的镀膜玻璃应采用热喷涂法生产工艺。

　　(3)玻璃幕墙采用中空玻璃时,除应符合现行国家标准《中空玻璃》(GB 11944—2002)的有关规定外,尚应符合下列规定:

　　1)中空玻璃气体层厚度不应小于 9 mm。

　　2)中空玻璃应采用双道密封。一道密封应采用丁基热熔密封胶。隐框、半隐框和点支式玻璃幕墙用中空玻璃的二道密封胶应采用硅酮结构密封胶;明框玻璃幕墙用中空玻璃的。二道密封宜采用聚硫类中空玻璃密封胶,也可采用硅酮密封胶。二道密封应采用专用打胶机进行混合、打胶。

　　3)中空玻璃的间隔铝框可采用连续折弯型或插角型,不得使用热熔型间隔胶条。间隔铝框中的干燥剂宜采角专用设备装填。

　　4)中空玻璃加工过程应采取措施,消除玻璃表面可能产生的凹、凸现象。

　　(4)银化玻璃宜经过二次热处理。

　　(5)玻璃幕墙采用夹层玻璃时,应采用干法加工合成,其夹片宜采用聚乙烯醇缩丁醛(PVB)胶片;夹层玻璃合片时,应严格控制温、湿度。

　　(6)玻璃幕墙采用单片低辐射镀膜玻璃时,应使用在线热喷涂低辐射镀膜玻璃;离线镀膜的低辐射镀膜玻璃宜加工成中空玻璃使用,其镀膜面应朝向中空气体层。

　　(7)有防火要求的幕墙玻璃,应根据防火等级要求,采用单片防火玻璃或其制品。

　　(8)玻璃幕墙的采光用彩釉玻璃,釉料宜采用丝网印刷。

　　(9)玻璃幕墙工程使用的玻璃,应进行厚度、边长、外观质量、应力和边缘处理情况的检验。

　　(10)检验玻璃的厚度,应采用下列方法:

　　1)玻璃安装或组装前,可用分辨率为 0.02 mm 的游标卡尺测量被检玻璃每边的中点,测量结果取平均值,修约到小数点后2位。

2)对已安装的幕墙玻璃,可用分辨率为 0.1 mm 的玻璃测厚仪在被检玻璃上随机取 4 点进行检测,取平均值,修约至小数点后一位。

(11)玻璃外观质量的检验,应在良好的自然光或散射光照条件下,距玻璃正面约 600 mm 处,观察被检玻璃表面。缺陷尺寸应采用精度为 0.1 mm 的读数显微镜测量。

(12)玻璃应力的检验指标,应符合下列规定。

1)幕墙玻璃的品种应符合设计要求。

2)用于幕墙的钢化玻璃的表面应力为 $\sigma \geqslant 95$ MPa,半钢化玻璃的表面应力为 24 MPa$<\sigma\leqslant$69 MPa。

(13)玻璃应力的检验,应采用下列方法:

1)用偏振片确定玻璃是否经钢化处理。

2)用表面应力检测仪测量玻璃表面应力。

(14)幕墙玻璃边缘的处理,应进行机械磨边、倒棱、倒角,磨轮的目数应在 180 目以上。点支承幕墙玻璃的孔、板边缘均应进行磨边和倒棱,磨边宜细磨,倒棱宽度不宜小于 1 mm。

(15)幕墙玻璃边缘处理的检验,应采用观察检查和手试的方法。

(16)中空玻璃质量的检验指标,应符合下列规定。

1)玻璃厚度及空气隔层的厚度应符合设计及标准要求。

2)中空玻璃对角线之差不应大于对角线平均长度的 0.2%。

3)胶层应双道密封,外层密封胶胶层宽度不应小于 5 mm。半隐框和隐框幕墙的中空玻璃的外层应采用硅酮结构胶密封,胶层宽度应符合结构计算要求。内层密封采用丁基密封腻子,打胶应均匀、饱满、无空隙。

4)中空玻璃的内表面不得有妨碍透视的污迹及胶黏剂飞溅现象。

(17)中空玻璃质量的检验,应采用下列方法。

1)在玻璃安装或组装前,以分度值为 1 mm 的直尺或分辨率为 0.05 mm 的游标卡尺在被检玻璃的周边各取两点,测量玻璃及空气隔层的厚度和胶层厚度。

2)以分度值为 1 mm 的钢卷尺测量中空玻璃两对角线长度差。

3)观察玻璃的外观及打胶质量情况。

第二章 金属幕墙工程施工技术

第一节 细部的施工及质量要求

【技能要点1】细部构造

细部构造的处理,见表 2—1。

表 2—1 细部构造的处理

项 目	内 容
顶部处理	女儿墙上部部位均属幕墙顶部水平部位的压顶处理,即用金属板封盖,使之能阻挡风雨浸透。水平盖板(铝合金板)的固定,一般先将盖板固定于基层上,然后再用螺栓将盖板与骨架牢固连接,并适当留缝,打密封胶
底部处理	幕墙墙面下端收口处理,通常用一条特制挡水板将下端封住,同时将板与墙之间的缝隙盖住,防止雨水渗入室内,如图 2—1 所示
边缘部位处理	墙面边缘部位的收口处理,是用铝合金成形板将墙板端部及龙骨部位封住,如图 2—2 所示
伸缩缝、沉降缝的处理	伸缩缝、沉降缝的处理,首先要适应建筑物伸缩、沉降的需要,同时也应考虑装饰效果。另外,此部位也是防水的薄弱环节,其构造节点应周密考虑一般可用氯丁橡胶带做连接和密封
窗口部位处理	窗口的窗台处属水平部位的压顶处理,即用金属板封盖,使之能阻挡风雨浸透,如图 2—3 所示。水平盖板的固定,一般先将骨架固定于基层上,然后再用螺栓将盖板与骨架牢固连接,板与板间并适当留缝,打密封胶处理。板的连接部位宜留 5 mm 左右间隙,并用耐候硅酮密封胶密封

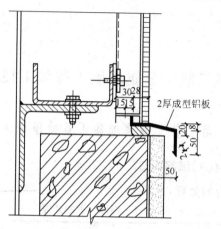

图 2—1　铝合金板端下墙处理（单位：mm）

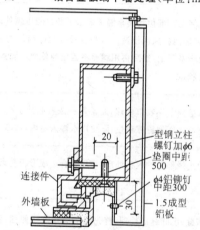

图 2—2　边缘部位的收口处理（单位：mm）

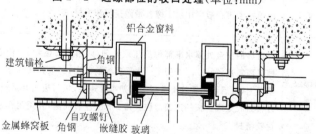

图 2—3　窗口部位处理

金属幕墙介绍

1. 附着型金属幕墙

这种构造形式是幕墙作为外墙饰面，直接依附在主体结构墙面上。主体结构墙面基层采用螺帽锁紧螺栓连接 L 形角钢，再根据金属板的尺寸将轻钢型材焊接在 L 形角钢上。在金属之间用亡形压条将板固定在轻钢型材上，最后在压条上采用防水嵌缝橡胶填充。

2. 构架型金属层幕墙

这种幕墙基本上类似隐框玻璃幕墙的构造，即将抗风受力骨架固定在框架结构的楼板、梁或柱上，然后再将轻钢型材固定在受力骨架上。金属板的固定方式与附着型金属幕墙相同。

【技能要点 2】金属幕墙施工质量标准

1. 一般规定

每个检验批每 100 m² 应至少抽查一处，每处不得小于 10 m²。

2. 主控项目

(1)金属幕墙工程所使用的各种材料和配件，应符合设计要求及国家现行产品标准和工程技术规范的规定。

检验方法：检查产品合格证书、性能检测报告、材料进场验收记录和复验报告。

(2)金属幕墙的造型和立面分格应符合设计要求。

检验方法：观察；尺量检查。

(3)金属面板的品种、规格、颜色、光泽及安装方向应符合设计要求。

检验方法：观察；检查进场验收记录。

(4)金属幕墙主体结构上的预埋件、后置埋件的数量、位置及后置埋件的拉拔力必须符合设计要求。

检验方法：检查拉拔力检测报告和隐蔽工程验收记录。

(5)金属幕墙的金属框架立柱与主体结构预埋件的连接、立柱与横梁的连接、金属面板的安装必须符合设计要求，安装必须牢固。

检验方法:手扳检查;检查隐蔽工程验收记录。

(6)金属幕墙的防火、保温、防潮材料的设置应符合设计要求,并应密实、均匀、厚度一致。

检验方法:检查隐蔽工程验收记录。

(7)金属框架及连接件的防腐处理应符合设计要求。

检验方法:检查隐蔽工程验收记录和施工记录。

(8)金属幕墙的防雷装置必须与主体结构的防雷装置可靠连接。

检验方法:检查隐蔽工程验收记录。

(9)各种变形缝、墙角的连接节点应符合设计要求和技术标准的规定。

检验方法:观察;检查隐蔽工程验收记录。

(10)金属幕墙的板缝注胶应饱满、密实、连续、均匀、无气泡,宽度和厚度应符合设计要求和技术标准的规定。

检验方法:观察;尺量检查;检查施工记录。

(11)金属幕墙应无渗漏。

检验方法:在易渗漏部位进行淋水检查。

3. 一般项目

(1)金属板表面应平整、洁净、色泽一致。

检验方法:观察。

(2)金属幕墙的压条应平直、洁净、接口严密、安装牢固。

检验方法:观察;手扳检查。

(3)金属幕墙的密封胶缝应横增竖直、深浅一致、宽窄均匀、光滑顺直。

检验方法:观察。

(4)金属幕墙上的滴水线、流水坡向应正确、顺直。

检验方法:观察;用水平尺检查。

(5)每平方米金属板的表面质量和检验方法应符合表2—2的规定。

表 2—2　每平方米金属板的表面质量和检验方法

项次	项　目	质量要求	检验方法
1	明显划伤和长度＞100 mm 的轻微划伤	不允许	观　察
2	长度≤100 mm 的轻微划伤	≤8 条	用钢尺检查
3	擦伤总面积	≤500 mm²	用钢尺检查

（6）金属幕墙安装的允许偏差和检验方法应符合表 2—3 的规定。

表 2—3　金属幕墙安装的允许偏差和检验方法

项次	项　目		允许偏差（mm）	检验方法
1	幕墙垂直度	幕墙高度≤30 m	10	用经纬仪检查
		30 m＜幕墙高度≤60 m	15	
		60 m＜幕墙高度≤90 m	20	
		幕墙高度＞90 m	25	
2	幕墙水平度	层高≤3 m	3	用水平仪检查
		层高＞3 m	5	
3	幕墙表面平整度		2	用 2 m 靠尺和塞尺检查
4	板材立面垂直度		3	用垂直检测尺检查
5	板材上沿水平度		2	用 1 m 水平尺和钢直尺检查
6	相邻板材板角错位		1	用钢直尺检查
7	阳角方正		2	用直角检测尺检查
8	接缝直线度		3	拉 5 m 线,不足 5 m 拉通线,用钢直尺检查
9	接缝高低差		1	用钢直尺和塞尺检查
10	接缝宽度		1	用钢直尺检查

第二节　金属幕墙安装技术

【技能要点 1】预埋件的安装

(1)按照土建进度,从下向上逐层安装预埋件。

(2)按照幕墙的设计分格尺寸用经纬仪或其他测量仪器进行分格定位。

(3)检查定位无误后,按图纸要求埋设铁件。

(4)安装埋件时要采取措施防止浇筑混凝土时埋件位移,控制好埋件表面的水平或垂直,严禁歪、斜、倾等。

(5)检查预埋件是否牢固、位置是否准确。预埋件的位置误差应按设计要求进行复查。当设计无明确要求时,预埋件的标高偏差不应大于 10 mm,预埋件的位置差不应大于 20 mm。

【技能要点 2】施工测量放线

(1)复查由土建方移交的基准线。

(2)放标准线:在每一层将室内标高线移至外墙施工面,并进行检查;在石材挂板放线前,应首先对建筑物外形尺寸进行偏差测量,根据测量结果,确定出挂板的基准面。

(3)以标准线为基准,按照图纸将分格线放在墙上,并做好标记。

(4)分格线放完后,应检查预埋件的位置是否与设计相符,否则应进行调整或预埋件处理。

(5)用 $\phi0.5$ mm～$\phi1.0$ mm 的钢丝在单樘幕墙的垂直、水平方向各拉两根,作为安装的控制线,水平钢丝应每层拉一根(宽度过宽,应每间隔 20 m 设 1 支点,以防钢丝下垂),垂直钢丝应间隔 20 m 拉一根。

(6)注意事项:

放线时,应结合土建的结构偏差,将偏差分解;应防止误差积累;应考虑好与其他装饰面的接口;拉好的钢丝应在两端紧固点做好标记,以便钢丝断了,快速重拉;应严格按照图纸放线。

【技能要点 3】过渡件的焊接

(1)经检查,埋件安装合格后,可进行过渡件的焊接施工。

(2)焊接时,过渡件的位置一定要与墨线对准。

(3)应先将同水平位置两侧的过渡件点焊,并进行检查。

(4)再将中间的各个过渡件点焊上,检查合格后,进行满焊。

(5)控制重点:水平位置。

(6)焊接作业注意事项:

用规定的焊接设备、材料及人员;焊接现场的安全,防火工作;严格按照设计要求进行焊接,要求焊缝均匀,无假焊、虚焊;防锈处理要及时、彻底。

【技能要点 4】金属幕墙铝龙骨安装

(1)先将立柱从上至下,逐层挂上。

(2)根据水平钢丝,将每根立柱的水平标高位置调整好,稍紧螺栓。

(3)再调整进出、左右位置,经检查合格后,拧紧螺帽。

(4)当调整完毕,整体检查合格后,将垫片、螺帽与铁件电焊上。

(5)最后安装横龙骨,安装时水平方向应拉线,并保证竖龙骨与横龙骨接口处的平整,且不能有松动。

(6)注意事项:

立柱与连接铁件之间要垫胶垫;因立柱料比较重,应轻拿轻放,防止碰撞、划伤;挂料时,应将螺帽拧紧些,以防脱落而掉下去;调整完以后,要将避雷铜导线接好。

铝合金材料简介

(1)玻璃幕墙采用铝合金材料的牌号所对应的化学成分应符合现行国家标准《变形铝及铝合金化学成分》(GB/T 3190—2008)的有关规定,铝合金型材质量应符合现行国家标准《铝合金建筑型材》(GB/T 5237.1～5—2004)的规定,型材尺寸允许偏差应达到高精级或超高精级。

（2）玻璃幕墙工程使用的铝合金型材,应进行壁厚、膜厚、硬度和表面质量的检验。

1）用于横梁、立柱等主要受力杆件的截面受力部位的铝合金型材壁厚实测值不得小于 3 mm。

壁厚的检验,应采用分辨率为 0.05 mm 的游标卡尺或分辨率为 0.1 mm 的金属测厚仪在杆件同一截面的不同部位测量,测点不应少于 5 个,并取最小值。

2）铝合金型材采用阳极氧化、电泳涂漆、粉末喷涂、氟碳漆喷涂进行表面处理时,应符合现行国家标准《铝合金建筑型材》（GB/T 5237.1～5—2004）规定的质量要求。

检验膜厚,应采用分辨率为 0.5 μm 的膜厚检测仪检测。每个杆件在装饰面不同部位的测点不应少于 5 个,同一测点应测量 5 次,取平均值,修约至整数。

3）玻璃幕墙工程使用 6063T5 型材的韦氏硬度值,不得小于 8,6063AT5 型材的韦氏硬度值,不得小于 10。

硬度的检验,应采用韦氏硬度计测量型材表面硬度。型材表面的涂层应清除干净,测点不应少于 3 个,并应以至少 3 点的测量值,取平均值,修约至 0.5 个单位值。

4）铝合金型材表面质量,应符合下列规定：

①型材表面应清洁,色泽应均匀。

②型材表面不应有皱纹、起皮、腐蚀斑点、气泡、电灼伤、流痕、发黏以及膜（涂）层脱落等缺陷存在。表面质量的检验,应在自然散射光条件小,不使用放大镜,观察检查。

（3）用穿条工艺生产的隔热铝型材,其隔热材料应使用 PA66GF25（聚酰胺 66＋25 玻璃纤维）材料,不得采用 PVC 材料。用浇注工艺生产的隔热铝型材,其隔热材料应使用 PUR（聚氨基甲酸乙酯）材料。连接部位的抗剪强度必须满足设计要求。

（4）与玻璃幕墙配套用铝合金门窗应符合现行国家标准《铝合金门窗》（GB/T 8478—2008）的规定。

（5）与玻璃幕墙配套用附件及紧固件应符合下列现行国家标准的规定：

《地弹簧》（QB/T 2697－2005）；《平开铝合金窗执手》（QB/T 3886－1999）；《铝合金窗不锈钢滑撑》（QB/T 3888－1999）；《铝合金门插销》（QB/T 3885－1999）；《铝合金窗撑挡》（QB/T 3887－1999）；《铝合金门窗拉手》（QB/T 3889－1999）；《铝合金窗锁》（QB/T 3890－1999）；《铝合金门锁》（QB/T 3891－1999）；《闭门器》（QB/T 2698－2009）；《推拉铝合金门窗用滑轮》（QB/T 3892－1999）；《紧固件螺栓和螺钉》（GB/T 5277－1989）；《十字槽盘头螺钉》（GB/T 818－2000）；《紧固件机械性能　螺栓　螺钉和螺柱》（GB/T 3098.1－2010）；《紧固件机械性能　螺母　粗牙螺纹》（GB/T 3098.2－2000）；《紧固件机械性能　螺母　细牙螺纹》（GB/T 3098.4－2000）；《紧固件机械性能自攻螺钉》（GB/T 3098.5－2000）；《紧固件机械性能　不锈钢螺栓、螺钉和螺柱》（GB/T 3098.6－2000）；《紧固件机械性能不锈钢螺母》（GB/T 3098.15－2000）。

（6）幕墙采用的铝合金板材的表面处理层厚度及材质应符合现行行业标准《建筑幕墙》（GB/T 21086－2007）的有关规定。

（7）铝合金幕墙应根据幕墙面积、使用年限及性能要求，分别选用铝合金单板（简称单层铝）、铝塑复合板、铝合金蜂窝板（简称蜂窝铝板）；铝合金板材应达到国家相关标准及设计的要求，并应有出厂合格证。

（8）根据防腐、装饰及建筑物的耐久年限的要求，对铝合金板材（单层铝板、铝塑复合板、蜂窝铝板）表面进行氟碳树脂处理时，应符合下列规定：

1）氟碳树脂含量不应低于 75%；海边及严重酸雨地区，可采用三道或四道氟碳树脂涂层，其厚度应大于 40 μm；其他地区，可采用两道氟碳树脂涂层，其厚度应大于 25 μm。

2)氟碳树脂涂层应无起泡、裂纹、剥落等现象。

(9)单层铝板应符合下列现行国家标准的规定,幕墙用单层铝板厚度不应小于2.5 mm。

1)《一般工业用铝及铝合金板、带材第1部分:一般要求》(GB/T 3880.1—2006)。

2)《一般工业用铝及铝合金板、带材第2部分:力学性能》(GB/T 3880.2—2006)。

3)《一般工业用铝及铝合金板、带材第3部分:尺寸偏差》(GB/T 3880.3—2006)。

4)《变形铝及铝合金牌号表示方法》(GB/T 16474—1996)。

5)《变形铝及铝合金状态代号》(GB/T 16475—2008)。

(10)铝塑复合板应符合下列规定:

1)铝塑复合板的上下两层铝合金板的厚度均应为0.5 mm,其性能应符合现行国家标准《建筑幕墙用铝塑复合板》(GB/T 17748—2008)规定的外墙板的技术要求;铝合金板与夹心层的剥离强度标准值应大于7 N/mm。

2)幕墙选用普通型聚乙烯铝塑复合板时,必须符合现行国家标准《建筑设计防火规范》(GB 50016—2006)和《高层民用建筑设计防火规范》(GB 50045—1995)(2005版)的规定。

(11)蜂窝铝板应符合下列规定:

1)应根据幕墙的使用功能和耐久年限的要求,分别选用厚度为10 mm、12 mm、15 mm、20 mm和25 mm的蜂窝铝板。

2)厚度为10 mm的蜂窝铝板应由1 mm厚的正面铝合金板、0.5～0.8 mm厚的背面铝合金板及铝蜂窝黏结而成;厚度在10 mm以上的蜂窝铝板,其正背面铝合金板厚度均应为11 mm。

【技能要点5】防火材料安装

(1)龙骨安装完毕,可进行防火材料的安装。

(2)安装时应按图纸要求,先将防火镀锌板固定(用螺丝或射钉),要求牢固可靠,并注意板的接口。

(3)然后铺防火棉,安装时注意防火棉的厚度和均匀度,保证与龙骨料接口处的饱满,且不能挤压,以免影响面材。

(4)最后进行顶部封口处理即安装封口板。

(5)安装过程中要注意对玻璃、铝板、铝材等成品的保护,以及内装饰的保护。

【技能要点 6】金属板安装

(1)安装前应将铁件或钢架、立柱、避雷、保温、防锈全部检查一遍,合格后再将相应规格的面材搬入就位,然后自上而下进行安装。

(2)安装过程中拉线相邻玻璃面的平整度和板缝的水平、垂直度,用木板模块控制缝的宽度。

(3)安装时,应先就位,临时固定,然后拉线调整。

(4)安装过程中,如缝宽有误差,应均分在每条胶缝中,防止误差积累在某一条缝中或某一块面材上。

【技能要点 7】密封

(1)密封部位的清扫和干燥:采用甲苯对密封面进行清扫,清扫时应特别注意不要让溶液散发到接缝以外的场所,清扫用纱布脏污后应常更换,以保证清扫效果,最后用干燥清洁的纱布将溶剂蒸发后的痕迹拭去,保持密封面干燥。

(2)贴防护纸胶带:为防止密封材料使用时污染装饰面,同时为使密封胶缝与面材交界线平直,应贴好纸胶带,要注意纸胶带本身的平直。

(3)注胶:注胶应均匀、密实、饱满,同时注意施胶方法,避免浪费。

(4)胶缝修整:注胶后,应将胶缝用小铲沿注胶方向用力施压,将多余的胶刮掉,并将胶缝刮成设计形状,使胶缝光滑、流畅。

(5)清除纸胶带:胶缝修整好后,应及时去掉保护胶带,并注意撕下的胶带不要污染玻璃面或铝板面;及时清理粘在施工表面上的胶痕。

密封材料简介

（1）玻璃幕墙的橡胶制品，宜采用三元乙丙橡胶、氯丁橡胶及硅橡胶。

（2）密封胶条应符合国家现行标准《建筑橡胶密封垫——预成型实心硫化的结构密封垫用材料规范》（HG/T 3099—2004）及《工业用橡胶板》（GB/T 5574—2008）的规定。

（3）中空玻璃第一道密封用丁基热熔密封胶，应符合现行行业标准《中空玻璃用丁基热熔密封胶》（JC/T 914—2003）的规定。不承受荷载的第二道密封胶应符合现行行业标准《中空玻璃用弹性密封胶》（JC/T 486—2001）的规定；隐框或半隐框玻璃幕墙用中空玻璃的第二道密封胶除应符合《中空玻璃用弹性密封胶》（JC/T 486—2001）的规定外，尚应符合"硅酮结构密封胶"的有关规定。

（4）玻璃幕墙的耐候密封应采用硅酮建筑密封胶；点支承幕墙和全玻幕墙使用非镀膜玻璃时，其耐候密封可采用酸性硅酮建筑密封胶，其性能应符合国家现行标准《幕墙玻璃接缝用密封胶》（JC/T 882—2001）的规定。夹层玻璃板缝间的密封，宜采用中性硅酮建筑密封胶。

【技能要点8】清扫

（1）清扫时先用浸泡过中性溶剂（5%水溶液）的湿纱布将污物等擦去，然后再用干纱布擦干净。

（2）清扫灰浆、胶带残留物时，可使用竹铲、合成树脂铲等仔细刮去。

（3）禁止使用金属清扫工具，不得用粘有砂子、金属屑的工具。

（4）禁止使用酸性或碱性洗剂。

【技能要点9】施工注意事项

（1）幕墙分格轴线的测量应与主体结构的测量配合，其误差应及时调整不得积累。

(2)对高层建筑的测量应在风力不大于 4 级情况下进行,每天应定时对幕墙的垂直及立柱位置进行校核。

(3)应将立柱与连接件连接,然后连接件再与主体预埋件连接,并进行调整和固定,立柱安装标高偏差不应大于 3 mm。轴线前后偏差不应大于 2 mm,左右偏差不应大于 3 mm。

(4)相邻两根立柱安装标高偏差不应大于 3 mm,同层立柱的最大标高偏差不应大于 5 mm;相邻两根立柱的距离偏差不应大于 2 mm。

(5)应将横梁两端的连接件及弹性橡胶垫安装在立柱的预定位置,并应安装牢固,其接缝应严密。

(6)相邻两根横梁水平标高偏差不应大于 1 mm。同层标高偏差:当一幅幕墙宽度小于或等于 35 m 时,不应大于 5 mm;当一幅幕墙宽度大于或等于 35 m 时,不应大于 7 mm。

(7)同一层横梁安装应由下向上进行。当安装完一层刚度时,应进行检查、调整、校正、固定,使其符合质量要求。

(8)有热工要求的幕墙,保温部分从内向外安装,当采用内衬板时,四周应套装弹性橡胶密封条,内衬板与构件接缝应严密;内衬板就位后,应进行密封处理。

(9)固定防火保温材料应锚钉牢固,防火保温层应平整,拼接处不应留缝隙。

(10)冷凝水排出管及附件应与水平构件预留孔连接严密,与内衬板出水孔连接处应设橡胶密封条。

(11)其他通气留槽孔及雨水排出口等应按设计施工,不得遗漏。

(12)幕墙立柱安装就位、调整后应及时紧固。幕墙安装的临时螺栓等在构成件安装就位、调整、紧固后应及时拆除。

(13)现场焊接或高强螺栓紧固的构件固定后,应及时进行防锈处理。幕墙中与铝合金接触的螺栓及金属配件应采用不锈钢或轻金属制品。

(14)不同金属的接触面应采用垫片作隔离处理。

(15)金属板安装时,左右上下的偏差不应大于1.5 mm。

(16)金属板空缝安装时,必须要防水措施,并有符合设计要求的排水出口。

(17)幕墙四周与主体之间的间隙,应采用防火的保温材料填塞,内外表面应采用密封胶连续封闭,接缝应严密不漏水。

(18)幕墙的施工过程中应分层进行防水渗漏性能检查。

(19)幕墙安装过程中应进行接缝部位的雨水渗漏检验。

(20)填充硅酮耐候密封胶时,金属板缝的宽度、厚度应根据硅酮耐候胶的技术参数,经计算后确定。较深的密封槽口底部应采用聚乙烯发泡材料填塞。

(21)耐候硅酮密封胶在接缝内应形成相对两面黏结。

(22)幕墙安装施工应对下列项目进行隐蔽验收:

1)构件与主体结构的连接节点的安装。

2)幕墙四周、幕墙内表面与主体结构之间间隙节点的安装。

3)幕墙伸缩缝、沉降缝、防震缝及墙面转角节点的安装。

4)幕墙防雷接地节点的安装。

5)其他带有隐蔽性质的项目。

第三章　石材幕墙工程施工技术

第一节　准备工作与质量标准

【技能要点1】安装施工准备

(1)在主体结构施工时,根据设计要求,埋入预埋件。

(2)在完成幕墙测量放线和物料编排后,将幕墙单元的铝码托座按照参考线,安装到楼面的预埋件上。首先点焊调节高低的角码,确定位置无误后,对角码施行满焊,焊后涂上防腐防锈油漆,然后安装横料,调整标高。

(3)在楼层顶部安置吊重与悬挂支架轨道系统,以便为安装单元体用。

(4)幕墙单元体从楼层内运出,并在楼面边缘提升起来,然后安装在对应的外墙位置上。调整好垂直与水平后,紧固螺栓。

(5)每层幕墙安装完毕,必须将幕墙内侧包上透明保护膜,做好成品保护。

(6)当单元体安装完毕,按要求完成封口扣板与单元框的连接,并完成窗台板安装及跨越两单元的石材饰面安装工作。

> 石材幕墙简介
>
> 1. 直接干挂式石材幕墙
>
> 直接干挂法是目前常用的石材幕墙做法,是将被安装的石材饰面板通过金属挂件直接安装固定在主体结构外墙上。
>
> 2. 骨架式干挂石材幕墙
>
> 骨架式干挂石材幕墙主要用于主体为框架结构的,因为轻质填充墙体不能作为承重结构。是通过金属骨架与主体结构梁、柱(或圈梁)连接,通过干挂件将石板饰面悬挂。金属骨架应

能承受石材幕墙自重及风载、地震力和温度应力,并能防腐蚀,国外多采用铝合金骨架。

3. 单元体直接式干挂石材幕墙

单元体法是目前世界上流行的一种先进做法。它是利用特殊强化的组合框架,将石材饰面板、铝合金窗、保温层等全部在工厂中组装在框架上,然后将整片墙面运送至工地安装。

4. 预制复合板干挂石材幕墙

预制复合板,是干法作业的发展,是以石材薄板为饰面板,钢筋细石混凝土为衬模,用不锈钢连接件连接,经浇筑预制成饰面复合板,用连接件与结构连成一体的施工方法。可用于钢筋混凝土或钢结构的高层和超高层建筑。其特点是安装方便、速度快,可节约天然石材,但对连接件的质量要求较高。

【技能要点 2】石材幕墙施工质量标准

1. 主控项目

(1)石材幕墙工程所用材料的品种、规格、性能等级,应符合设计要求及国家现行产品标准和工程技术规范的规定。石材的弯曲强度不应小于 8.0 MPa;吸水率应小于 0.8%。石材幕墙的铝合金挂件厚度不应小于 4.0 mm,不锈钢挂件厚度不应小于 3.0 mm。

检验方法:观察;尺量检查;检查产品合格证书、性能检测报告、材料进场验收记录和复验报告。

(2)石材幕墙的造型、立面分格、颜色、光泽、花纹和图案应符合设计要求。

检验方法:观察。

(3)石材孔、槽的数量、深度、位置、尺寸应符合设计要求。

检验方法:检查进场验收记录或施工记录。

(4)石材幕墙主体结构上的预埋件和后置埋件的位置、数量及后置埋件的拉拔力必须符合设计要求。

检验方法:检查拉拔力检测报告和隐蔽工程验收记录。

(5)石材幕墙的金属框架立柱与主体结构预埋件的连接、立柱与横梁的连接、连接件与金属框架的连接、连接件与石材面板的连接必须符合设计要求,安装必须牢固。

检验方法:手扳检查;检查隐蔽工程验收记录。

(6)金属框架的连接件和防腐处理应符合设计要求。

检验方法:检查隐蔽工程验收记录。

(7)石材幕墙的防雷装置必须与主体结构防雷装置可靠连接。

检验方法:观察;检查隐蔽工程验收记录和施工记录。

(8)石材幕墙的防火、保温、防潮材料的设置应符合设计要求,填充应密实、均匀、厚度一致。

检验方法:检查隐蔽工程验收记录。

(9)各种结构变形缝、墙角的连接节点应符合设计要求和技术标准的规定。

检验方法:检查隐蔽工程验收记录和施工记录。

(10)石材表面和板缝的处理应符合设计要求。

检验方法:观察。

(11)石材幕墙的板缝注胶应饱满、密实、连续、均匀、无气泡,板缝宽度和厚度应符合设计要求和技术标准的规定。

检验方法:观察;尺量检查;检查施工记录。

(12)石材幕墙应无渗漏。

检验方法:在易渗漏部位进行淋水检查。

2. 一般项目

(1)石材幕墙表面应平整、洁净,无污染、缺损和裂痕。颜色和花纹应协调一致,无明显色差,无明显修痕。

检验方法:观察。

(2)石材幕墙的压条应平直、洁净、接口严密、安装牢固。

检验方法:观察;手扳检查。

(3)石材接缝应横平竖直、宽窄均匀;阴阳角石板压向应正确、板边合缝应顺直;凸凹线出墙厚度应一致,上下口应平直;石材面板上洞口、槽边应套割吻合,边缘应整齐。

检验方法:观察;尺量检查。

（4）石材幕墙的密封胶缝应横平竖直、深浅一致、宽窄均匀、光滑顺直。

检验方法：观察。

（5）石材幕墙上的滴水线、流水坡向应正确、顺直。

检验方法：观察；用水平尺检查。

（6）每平方米石材的表面质量和检验方法应符合表3—1的规定。

表3—1　每平方米石材的表面质量和检验方法

项次	项　目	质量要求	检验方法
1	明显划伤和长度＞100 mm的轻微划伤	不允许	观察
2	长度≤100 mm的轻微划伤	≤8条	用钢尺检查
3	擦伤总面积	≤500 mm²	用钢尺检查

（7）石材幕墙安装的允许偏差和检验方法应符合表3—2的规定。

表3—2　石材幕墙安装的允许偏差和检验方法

项次	项　目		允许偏差（mm）		检验方法
			光面	麻面	
1	幕墙垂直度	幕墙高度≤30 m	10		用经纬仪检查
		30 m＜幕墙高度≤60 m	15		
		60 m＜幕墙高度≤90 m	20		
		幕墙高度＞90 m	25		
2	幕墙水平度		3		用水平仪检查
3	板材立面垂直度		3		用水平仪检查
4	板材上沿水平度		2		用1 m水平尺和钢直尺检查
5	相邻板材板角错位		1		用钢直尺检查
6	阳角方正		2	3	用垂直检测尺检查
7	接缝直线度		2	4	用直角检测尺检查
8	接缝高低差		3	4	拉5 m线，不足5 m拉通线，用钢直尺检查
9	接缝宽度		1	—	用钢直尺和塞尺检查
10	板材立面垂直度		1	2	用钢直尺检查

第二节　石材幕墙安装施工技术

【技能要点1】预埋件的安装

(1)按照土建进度,从下向上逐层安装预埋件。

(2)按照幕墙的设计分格尺寸用经纬仪或其他测量仪器(水平仪、自动准直仪)进行分格定位。

(3)检查定位无误后,按图纸要求埋设铁件。

(4)安装埋件时要采取措施防止浇筑混凝土时埋件位移,控制好埋件表面的水平或垂直,严禁歪、斜、倾等。

(5)检查预埋件是否牢固、位置是否准确。预埋件的位置误差应按设计要求进行复查。当设计无明确要求时,预埋件的标高偏差不应大于 10 mm,预埋件的位置与设计位置偏差不应大于 20 mm。

水平仪、自动准备仪简介

1. 水平仪

水平仪是由铸铁框架、主水准器(纵向水泡)、定位水准器(横向水泡)等组成。它是一种测角仪器,主要工作部分是水准器。如图3—1所示。

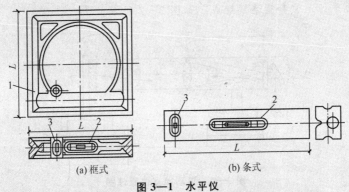

(a)框式　　　　　　　　　　　(b)条式

图3—1　水平仪

1—铸铁框架;2—主水准器;3—定位水准器

（1）使用前,被测表面和工件表面必须擦拭干净;温度对水平仪测量精度影响很大,操作者手离气泡管较近或对气泡管呼气都有一定的影响,测量时,水平仪应远离热流或隔热。

（2）操作水平仪时应手握水平仪护木,不得用手接触水准器,或对着水准器呼气;在读数时,视线要垂直对准水准器,以免产生视差。

（3）使用误差比较小的水平仪测量设备水平度时,应在被测量面上原地转180°进行测量;水平仪测量时,应轻拿轻放,不得碰撞和在所测工件表面上滑移。被测的部位必须是加工面光滑的平面。在调整被测物水平度时,水平仪一定要拿开。

（4）测量工件铅垂直面时,应用力均匀地紧靠在工件立面上;水平仪使用后应擦拭干净,涂上一层无酸无水的防护油脂,置于盒内和干燥处,并不得与其他工具混放。

2. 自动准直仪

（1）构造。

自动准直仪是一种高精度的测量仪器,是基于光束运动是一直线的工作原理,常用来测量机床导轨和仪器导轨在水平面内和垂直面内的不直度。

自动准直仪的结构包括本体及反光镜两部分,仪器本体是由平行光管和望远镜组成。如图3—2所示。

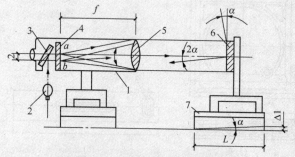

图3—2 自动准直仪原理图

1—望远镜;2—光源;3—倾斜玻璃;4—分划板;5—物镜;6—反光镜;7—垫铁

(2)自动准直仪的读数方法。

如图3—3(a)所示的读数为10.29。图3—3(b)的读为10.58,整数部分在目镜分划上读取,小数部分在微分筒上读取。

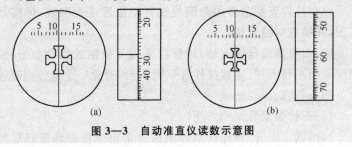

图3—3 自动准直仪读数示意图

【技能要点2】施工测量放线

(1)复查由土建方移交的基准线。

(2)放标准线:在每一层将室内标高线移至外墙施工面,并进行检查;在石材挂板放线前,应首先对建筑物外形尺寸进行偏差测量,根据测量结果,确定出干挂板的基准面。

(3)以标准线为基准,按照图纸将分格线放在墙上,并做好标记。

(4)分格线放完后,应检查预埋件的位置是否与设计相符,否则应进行调整或预埋件补救处理。

(5)最后,用ϕ0.5 mm~ϕ1.0 mm的钢丝在单樘幕墙的垂直、水平方向各拉两根,作为安装的控制线,水平钢丝应每层拉一根(宽度过宽,应每间隔20 m设1支点,以防钢丝下垂),垂直钢丝应间隔20 m拉一根。

(6)放线时,应结合土建的结构偏差,将偏差分解;并应防止误差积累。放线时,应考虑好与其他装饰面的接口。拉好的钢丝应在两端紧固点做好标记,以便钢丝断了,快速重拉。应严格按照图纸放线。

【技能要点3】石材幕墙安装工艺

(1)石材幕墙骨架的安装:

1)根据控制线确定骨架位置,严格控制骨架位置偏差。

2)干挂石材板主要靠骨架固定,因此必须保证骨架安装的牢固性。

3)在挂件安装前必须全面检查骨架位置是否准确、焊接是否牢固,并检查焊缝质量。

(2)石材幕墙挂件安装:挂板应采用不锈钢或铝合金型材,钢销应采用不锈钢件,连接挂件宜采用 L 形,避免一个挂件同时连接上下两块石板。

(3)石材幕墙骨架的防锈:

1)槽钢主龙骨、预埋件及各类镀锌角钢焊接破坏镀锌层后均满涂两遍防锈漆(含补刷部分)进行防锈处理并控制第一道第二道的间隔时间不小于 12 h。

2)型钢进场必须有防潮措施并在除去灰尘及污物后进行防锈操作。

3)严格控制不得漏刷防锈漆,特别控制为焊接而预留的缓刷部位在焊后涂刷不得少于两遍。

(4)花岗岩挂板的安装:

1)达到外立面的整体效果,要求板材加工精度比较高,要精心挑选板材,减少色差。

2)在板安装前,应根据结构轴线核定结构外表面与干挂石材外露面之间的尺寸后,在建筑物大角处做出上下生根的金属丝垂线,并以此为依据,根据建筑物宽度设置足以满足要求的垂线、水平线,确保槽钢钢骨架安装后处于同一平面上(误差不大于 5 mm)。

3)通过室内的 50 cm 线验证板材水平龙骨及水平线的正确,以此控制拟将安装的板缝水平程度。通过水平线及垂线形成的标准平面标测出结构垂直平面,为结构修补及安装龙骨提供依据。

4)板材钻孔位置应用标定工具自板材露明面返至板中或图中注明的位置。钻孔深度依据不锈钢销钉长度予以控制。宜采用双钻同时钻孔,以保证钻孔位置正确。

5)石板宜在水平状态下,由机械开槽口。

石材的简介

(1)石材科学的分类方法应该是根据石材的地质组成来划分其种类,从地质学的角度来看,地壳土层中的岩石分为下列三类。

1)火成岩。这些岩石从热的熔化材料中形成,花岗石和玄武岩是火成岩中的两种。

2)沉积岩。这些岩石起源于其他岩石的碎片和残骸,这些碎片在水、风、重力及冰等各种因素的作用下移动到一个由沉积物形成的盆地中沉积,沉积物压缩和胶结后形成坚硬的沉积岩。沉积岩由其他岩石中丰富的物质所组成,石灰岩、砂岩以及凝灰石是沉积岩中的三类型。

3)变质岩。这些岩石形成于其他已经存在的岩石在受热或压力作用下进行了结晶或重结晶。大理石、板页岩和石英岩是变质岩中的三种。

幕墙石材宜选用火成岩,石材吸水率应小于0.8%。石材表面应采用机械进行加工,加工后的表面应用高压水冲洗或用水和刷子清理,严禁用溶剂型的化学清洁剂清洗石材。

(2)石材幕墙所选用的材料应符合下列现行国家产品标准的规定,同时应有出厂合格证,材料的物理力学及耐候性能应符合设计要求。

《玻璃幕墙工程技术规范》(JGJ 102—2003)。《金属与石材幕墙工程技术规范》(JGJ 133—2001)。《天然大理石建筑板材》(GB/T 19766—2005)。《天然花岗石建筑板材》(GB/T 18601—2009)。《天然大理石荒料》(JC/T 202—2001)。《天然花岗石荒料》(JC/T 204—2001)。《天然石材统一编号》(GB/T 17670—2008)。《建筑装饰用微晶玻璃》(JC/T 872—2000)。《建筑幕墙用瓷板》(JG/T 217—2007)。《建筑材料放射性核素限量》(GB 6566—2010)。

【技能要点4】密封

(1)密封部位的清扫和干燥:采用甲苯对密封面进行清扫,清扫时应特别注意不要让溶液散发到接缝以外的场所,清扫用纱布脏污后应常更换,以保证清扫效果,最后用干燥清洁的纱布将溶剂蒸发后的痕迹拭去,保持密封面干燥。

密封工具简介

1. 嵌缝枪

如图3—4所示,是用来将液体封缝料或密封胶挤入玻璃与框架间隙中的一种嵌缝工具。操作时,可将胶筒或料筒安装在手柄棒上,扳动扳机,带棘爪牙的顶杆自行顶筒后端的活塞,缓缓将液体挤出,注入缝隙中,完成嵌缝工作。

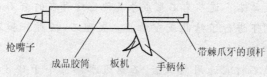

枪嘴子   成品胶筒   扳机   手柄体   带棘爪牙的顶杆

图3—4 嵌缝枪示意图

2. 撬板和竹签

如图3—5所示,主要用于安装密封胶条。撬板由尼龙制成,用于将玻璃与铝框撬出一定间隙。当撬出间隙后立即将胶条塞入。嵌塞时可用一竹签将胶条塞入。

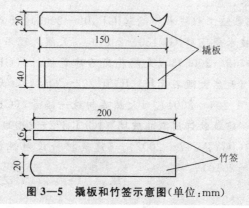

图3—5 撬板和竹签示意图(单位:mm)

3. 滚轮

如图 3—6 所示,当幕墙安装完毕,V 形和 W 形防风、防雨胶带嵌入铝框架后,用滚轮将圆胶棍塞入。

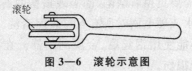

滚轮

图 3—6　滚轮示意图

(2)贴防护纸胶带:为防止密封材料使用时污染装饰面,同时为使密封胶缝与面材交界线平直,应贴好纸胶带,要注意纸胶带本身的平直。

(3)注胶:注胶应均匀、密实、饱满,同时注意施胶方法,避免浪费。

(4)胶缝修整:注胶后,应将胶缝用小铲沿注胶方向用力施压,将多余的胶刮掉,并将胶缝刮成设计形状,使胶缝光滑、流畅。

(5)清除纸胶带:胶缝修整好后,应及时去掉保护胶带,并注意撕下的胶带不要污染板材表面;及时清理粘在施工表面上的胶痕。

石材用密封胶简介

(1)外观。

1)产品应为细腻、均匀膏状物,不应有气泡、结皮或凝胶。

2)产品的颜色与供需方商定的样品相比,不得有明显差异。多组分产品各组分的颜色应有明显差异。

(2)密封胶适用期指标。由供需双方商定(仅适用于多组分)。

【技能要点 5】清扫

(1)整个立面的挂板安装完毕,必须将挂板清理干净,并经监理检验合格后,方可拆除脚手架。

(2)柱面阳角部位,结构转角部位的石材棱角应有保护措施,其他配合单位应按规定相应保护。

(3)防止石材表面的渗透污染。拆改脚手架时,应将石材遮蔽,避免碰撞墙面。

(4)对石材表面进行有效保护,施工后及时清除表面污物,避免腐蚀性咬伤。易于污染或损坏料的木材或其他胶结材料不应与石料表面直接接触。

(5)完工时需要更换有缺陷、断裂或损伤的石料。更换工作完成后,应用干净水或硬毛刷对所有石材表面清洗。直到所有尘土、污染物被除。不能使用钢丝刷、金属刮削器。在清洗过程中应保护相邻表面免受损伤。

(6)在清洗及修补工作完成时,将临时保护措施移去。

第四章　幕墙安装工安全操作规程

第一节　环境职业健康安全规程

【技能要点 1】幕墙环境职业健康安全规程

(1)施工中应做到活完脚下清,包装材料、下脚料应集中存放,并及时回收利用或消纳。

(2)防火、保温、油漆及胶类材料应符合环保要求,现场应封闭保存,使用后不得随意丢弃,避免污染环境。

(3)施工中使用的各种电动工机具及电气设备,应符合国家现行标准《施工现场临时用电安全技术规范》(JGJ 46—2005)的规定。

(4)施工前对操作人员应进行安全教育,经考试合格后方可上岗操作。

(5)进入施工现场应戴安全帽,高处作业时应系好安全带,特殊工种操作人员必须持证上岗,各种机具、设备应设专人操作。

(6)每班作业前应对脚手架、操作平台、吊装机具的可靠性进行检查,发现问题及时解决。

(7)进行焊接作业时,应严格执行现场用火管理制度,现场高处焊接时,下方应设防火斗,并配备灭火器材,防止发生火灾。

(8)高空作业时,严禁上、下抛掷工具、材料及下脚料。

(9)雨、雪天和四级以上大风天气,严禁进行幕墙安装施工及吊运材料作业。

(10)防火、保温材料施工的操作人员,应戴口罩,穿防护工作服。

(11)幕墙安装施工的安全措施除应符合现行行业标准《建筑施工高处作业安全技术规范》(JGJ 80—1991)的规定外,还应遵守施工组织设计确定的各项要求。

(12)安装幕墙用的施工机具和吊篮在使用前应进行严格检查,符合规定后方可使用。

(13)工程的上下部交叉作业时,结构施工层下方应采取可靠的安全防护措施。

(14)脚手板上的废弃杂物应及时清理,不得在窗台、栏杆上放置施工工具。

(15)框支承玻璃幕墙包括明框和隐框两种形式,是目前玻璃幕墙工程中应用最多的,本条规定是为了幕墙玻璃在安装和使用中的安全。安全玻璃一般指钢化玻璃和夹层玻璃。

斜玻璃幕墙是指和水平面的交角小于 90°、大于 75°的幕墙,其玻璃破碎容易造成比一般垂直幕墙更严重的后果。即使采用钢化玻璃,其破碎后的颗粒也会影响安全。夹层玻璃是不飞散玻璃,可对人流等起到保护作用,宜优先采用。

(16)点支承玻璃幕墙的面板玻璃应采用钢化玻璃及其制品,否则会因打孔部位应力集中而致使强度达不到要求。

(17)采用玻璃肋支承的点支承玻璃幕墙,其肋玻璃属支承结构,打孔处应力集中明显,强度要求较高;另一方面,如果玻璃肋破碎,则整片幕墙会塌落。所以,应采用钢化夹层玻璃。

(18)人员流动密度大、青少年或幼儿活动的公共场所的玻璃幕墙容易遭到挤压或撞击;其他建筑中,正常活动可能撞击到的幕墙部位亦容易造成玻璃破坏。为保证人员安全,这些情况下的玻璃幕墙应采用安全玻璃。对容易受到撞击的玻璃幕墙,还应设置明显的警示标志,以免因误撞造成危害。

(19)虽然玻璃幕墙本身一般不具有防火性能,但是它作为建筑的外围护结构,是建筑整体中的一部分,在一些重要的部位应具有一定的耐火性,而且应与建筑的整体防火要求相适应。防火封堵是目前建筑设计中应用比较广泛的防火、隔烟方法,是通过在缝隙间填塞不燃或难燃材料或由此形成的系统,以达到防止火焰和高温烟气在建筑内部扩散的目的。

防火封堵材料或封堵系统应经过国家认可的专业机构进行测试,合格后方可应用于实际幕墙工程。

(20)耐久性、变形能力、稳定性是防火封堵材料或系统的基本要求,应根据缝隙的宽度、缝隙的性质(如是否发生伸缩变形等)、相邻构件材质、周边其他环境因素以及设计要求,综合考虑,合理选用。一般而言,缝隙大、伸缩率大、防火等级高,则对防火封堵材料或系统的要求越高。

(21)玻璃幕墙的防火封堵构造系统有许多有效的做法,但无论何种方法,构成系统的材料都应具备设计规定的耐火性能。

(22)本条文内容参照现行国家标准《高层建筑设计防火规范》(GB 50045—1995),增加了有关防火玻璃裙墙的内容。计算实体裙墙的高度时,可计入钢筋混凝土楼板厚度或边梁高度。

(23)本条内容参照现行国家标准《高层建筑设计防火规范》(GB 50045—1995),增加了一些具体的构造做法。幕墙用防火玻璃主要包括单片防火玻璃,以及由单片防火玻璃加工成的中空玻璃、夹层玻璃等。

(24)为了避免两个防火分区因玻璃破碎而相通,造成火势迅速蔓延,规定同一玻璃板块不宜跨越两个防火分区。

(25)玻璃幕墙是附属于主体建筑的围护结构,幕墙的金属框架一般不单独作防雷接地,而是利用主体结构的防雷体系,与建筑本身的防雷设计相结合,因此要求应与主体结构的防雷体系可靠连接,并保持导电通畅。

通常,玻璃幕墙的铝合金立柱,在不大于 10 m 范围内宜有一根柱采用柔性导线上、下连通,铜质导线截面积不宜小于 25 mm^2,铝质导线截面积不宜小于 30 mm^2。

在主体建筑有水平均压环的楼层,对应导电通路立柱的预埋件或固定件应采用圆钢或扁钢与水平均压环焊接连通,形成防雷通路,焊缝和连线应涂防锈漆。扁钢截面不宜小于 5 mm × 40 mm,圆钢直径不宜小于 12 mm。兼有防雷功能的幕墙压顶板宜采用厚度不小于 3 mm 的铝合金板制造,压顶板截面不宜小于

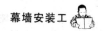

70 mm²（幕墙高度不小于 150 m 时）或 50 mm²（幕墙高度小于 150 m时）。幕墙压顶板体系与主体结梅屋顶的防雷系统有效的联通。

第二节　其他相关安全操作规程

【技能要点 1】临边作业的安全防护要求

1. 对临边高处作业，必须设防护措施，并符合下列要求。

（1）首层墙高度超过 3.2 m 的二层楼面周边，以及无外脚手的高度超过 3.2 m 楼层周边，必须在外围架设安全平网一道。

（2）井架与施工用电梯和脚手架等与建筑物通道的两侧边，必须设防护栏杆。地面通道上部应装设安全防护棚。双笼井架通道中间，应予封闭。

（3）分层施工的楼梯口和梯段边，必须安装临时护栏。顶层楼梯口应随工程结构进度安装正式防护栏杆。

（4）基坑周边，尚未安装栏杆或栏板的阳台、料台与挑平台两边，雨篷与挑檐边，无外脚手的屋面与楼层周边及水箱与水塔周边等处，都必须设置防护栏杆。

（5）各种垂直运输接料平台，除两侧设防护栏杆外，平台口还应设置安全门或恬动防护栏杆。

2. 搭设临边防护栏时，必须符合下列要求。

（1）栏杆柱的固定应符舍下列要求。

1）当在混凝土楼面、屋面和墙面固定时，可用预埋件与钢管或钢筋焊牢。采用竹、木栏杆时，可在预埋件上焊接 30 cm 长的∟50 mm×5 mm 角钢，其上下各钻一孔，然后用 10 mm 螺栓与竹、木杆件拴牢。

2）当在基坑四周固定时，可采用钢管并打入地面 50～70 cm 深。钢管离边口的距离，不应小于 50 cm。当基坑周边采用板桩时，钢管可打在板桩外侧。

3）当在砖或砌块等砌体上固定时，可预先砌入规格相适应的80 mm×6 mm 弯转扁钢作预埋铁的混凝土块，然后用上述方法固定。

(2)栏杆柱的固定及其与横杆的连接,其整体构造应使防护栏杆在上杆任何地方,能经受任何方向的 1 000 N 外力。当栏杆所处位置有发生人群拥挤、车辆冲击或物件碰撞等可能时,应加大横杆截面或加密柱距。

(3)防护栏杆必须自上而下用安全立网封闭,或在栏杆下边设置严密固定的高度不低于 18 cm 的挡脚板或 40 cm 的挡脚笆。挡脚板与挡脚笆上如有孔眼,不应大于 25 mm。板与笆下边距离底面的空隙不应大于 10 mm。

(4)防护栏杆应由上、下两道横杆及栏杆柱组成,上杆离地面高度为 1.0～1.2 m,下杆离地面高度为 0.5～0.6 m。坡度大于1:2.2的屋面,防护栏杆应高 1.5 m,并加挂安全网。除经设计计算外,横杆长度大于 2 m 时,必须加设栏杆柱。

接料平台两侧的栏杆,必须自上而下加挂安全立网或满扎竹笆。

(5)当临边的外侧面临街道时,除设防护栏杆外,敞口立面必须满挂安全网或采取其他可靠措施作全封闭处理。

【技能要点 2】高处作业的安全防护要求

(1)单位工程施工负责人应对工程的高处作业安全技术负责并建立相应的责任制。施工前,应逐级进行安全技术教育及交底,落实所有安全技术措施并配备人身防护用品,未经落实时不得进行施工。

(2)施工中对高处作业的安全技术设施,发现有缺陷和隐患时,必须及时解决;危险人身安全的,必须停止作业。

(3)高处作业中的安全标志、工具、仪表、电气设施和各种设备,必须在施工前加以检查,确认其完好,方能投入使用。

(4)雨天和雪天进行高处作业时,必须采取可靠的防滑、防寒和防冻措施。有水、冰、霜时均应及时清除。对进行高处作业的高耸建筑物。应事先设置避雷设施。遇有 6 级以上大风、浓雾等恶劣气候,不得进行露天攀登与悬空高处作业,暴风雪及台风暴雨

后,应对高处作业安全设施逐一加以检查,发现有松动、变形、损坏或脱落等现象,应立即修理完善。

(5)施工作业场所所有可能坠落的物件,应一律先行撤除或加以固定。

高处作业中所用的物料。均应堆放平稳,以保障通行和装卸。工具应随手放入工具袋;作业中的走道、通道板和登高用具,应随时清扫干净;拆卸下的物件及余料和废料均应及时清理运走,不得随意乱置或向下丢弃;传递物件禁止抛掷。

(6)防护棚搭设与拆除时,应设警戒区,并应派专人监护。严禁上下同时拆除。

(7)因作业必需,临时拆除或变动安全防护设施时,必须经施工负责人同意,并采取相应的可靠措施,作业后应立即恢复。

(8)高处作业的安全技术措施及其所需料具,必须列入工程的施工组织设计。

(9)攀登和悬空高处作业人员以及搭设高处作业安全设施的人员,必须经过专业技术培训及专业考试合格,持证上岗,并必须定期进行体格检查。

(10)高处作业中安全设施的主要受力杆件,力学计算按一般结构力学公式,强度及挠度计算按现行有关规范进行,但钢受弯构件的强度计算不考虑塑性影响,构造上应符合现行相应规范的要求。

【技能要点3】施工现场临时用电的要求

1. 电工及用电人员

(1)临时用电工程应定期检查。并应复查接地电阻值和绝缘电阻值。

(2)临时用电工程定期检查应按分部、分项工程进行,对安全隐患必须及时处理,并应履行复查验收手续。

(3)安装、巡检、维修或拆除临时用电设备和线路,必须由电工完成,并应有人监护。电工等级应同工程的难易程度和技术复杂性相适应。

(4)电工必须经过国家现行标准考核合格后,持证上岗工作;其他用电人员必须通过相关安全教育培训和技术交底,考核合格后方可上岗工作。

(5)各类用电人员应掌握安全用电基本知识和所用设备的性能,并应符合下列要求:

1)保管和维护所用设备,发现问题及时报告解决。

2)移动电气设备时,必须经电工切断电源并做妥善处理后进行。

3)暂时停用设备的开关箱必须分断电源隔离开关,并应关门上锁。

4)使用电气设备前必须接规定穿戴和配备好相应的劳动防护用品,并应检查电气装置和保护设施,严禁设备带"缺陷"运转。

2. 电气设备防护

电气设备设置场所应能避免物体打击和机械损伤,否则应做防护处置;电气设备现场周围不得存放易燃易爆物、污源和腐蚀介质。否则应予清除或做防护处置,其防护等级必须与环境条件相适应。

参考文献

［1］中国建筑科学研究院.JGJ 102—2003 玻璃幕墙工程技术规范［S］.北京：中国建筑工业出版社,2003.

［2］雍本.装饰工程施工手册［M］.第 2 版.北京：中国建筑工业出版社.

［3］中国建筑装饰协会培训中心.建筑装饰装修幕墙工［M］.北京：中国建筑工业出版社,2003.

［4］中国建筑科学研究院.GB 50210—2001 建筑装饰装修工程质量验收规范［S］.北京：中国建筑工业出版社,2003.

［5］中国建筑科学研究院.JGJ 133—2001 金属与石材幕墙工程技术规范［S］.北京：中国建筑工业出版社,2001.

［6］《建筑施工手册》编写组.建筑施工手册：第 3 分册.第 4 版［M］.北京：中国建筑工业出版社,2003.

［7］中国建筑装饰协会.建筑装饰实用手册［M］.北京：中国建筑工业出版社.